土木水利工程CAD绘图实验教程

牟 萍 杨毓岚 周元辅 张耀屹 何朝良◎主 编

人民交通出版社股份有限公司

北京

内 容 提 要

本教材分为3篇:第1篇为基础绘图,包括 AutoCAD 2020 基础,简单平面图形的绘制,绘图辅助工具、平面图形的编辑,文字、尺寸标注与表格,图案填充与面域,图块、外部参照与光栅图像,图纸布局与打印。第2篇为专业绘图,包括水利专业绘图和土木专业绘图。第3篇为三维建模,包括三维曲面、网格模型和三维实体模型。全书以绘图为主线,内容取舍、选题密切结合专业实际,充分体现专业特色。

本教材适用于本科院校土木工程专业、道路桥梁与渡河工程、水利水电工程、港口航道与海岸工程、给排水科学与工程、交通工程专业、交通运输专业等专业的教学,并可用于成人本科学校同类专业教学,也可供相关专业技术人员参考,还可用作职业培训和职业教育的参考书。

图书在版编目(CIP)数据

土木水利工程CAD绘图实验教程/牟萍等主编. —
北京:人民交通出版社股份有限公司,2022.6
ISBN 978-7-114-17822-1

Ⅰ.①土… Ⅱ.①牟… Ⅲ.①土木工程—计算机制图
—AutoCAD 软件—教材 ②水利工程—计算机制图—
AutoCAD 软件—教材 Ⅳ.①TU204-39 ②TV222.1-39

中国版本图书馆 CIP 数据核字(2021)第 276988 号

Tumu Shuili Gongcheng CAD Huitu Shiyan Jiaocheng

书　　名：	土木水利工程CAD绘图实验教程
著 作 者：	牟　萍　杨毓岚　周元辅　张耀屹　何朝良
责任编辑：	郭晓旭
责任校对：	孙国靖　宋佳时
责任印制：	刘高彤
出版发行：	人民交通出版社股份有限公司
地　　址：	(100011)北京市朝阳区安定门外外馆斜街3号
网　　址：	http://www.ccpcl.com.cn
销售电话：	(010)59757973
总 经 销：	人民交通出版社股份有限公司发行部
经　　销：	各地新华书店
印　　刷：	北京交通印务有限公司
开　　本：	787×1092　1/16
印　　张：	5.75
字　　数：	140千
版　　次：	2022年6月　第1版
印　　次：	2022年6月　第1次印刷
书　　号：	ISBN 978-7-114-17822-1
定　　价：	29.00元

(有印刷、装订质量问题的图书由本公司负责调换)

前言

AutoCAD绘图软件广泛应用于土木、水利、机械、建筑、室内装潢等工程设计领域，成为计算机CAD系统中应用最为广泛的图形软件之一。鉴于AutoCAD的知名度和普适性，编者力图编写一套适用于土木类、水利类、交通运输类专业的绘图实验教材，为相关专业学生上机实践提供一本得心应手的书。

本教材是重庆交通大学规划教材，以土木类、水利类、交通运输类等专业的培养方案为导向，以《AutoCAD应用》课程为依托，通过综合实践、典型工程实例和趣味绘图等进行内容创新，每个章节涵盖实验目的、实验内容、知识测验和课外拓展4个模块。另外，本教材还包括2个附录：附录A为参考答案，供学生在上机过程中参考；附录B为常用工具按钮和命令，方便学生在绘图过程中查阅。

本教材由重庆交通大学牟萍、杨毓岚、周元辅、何朝良和重庆市渝发水利科学研究院有限公司张耀屹主编。全书由3篇组成：第1篇基础绘图由牟萍、杨毓岚编写，其中第1章、第2章、第5章、第7章、第8章由牟萍完成，第3章、第4章、第6章由杨毓岚完成；第2篇专业绘图由杨毓岚、周元辅、张耀屹编写，其中第9章由杨毓岚、张耀屹完成，第10章由周元辅完成；第3篇三维建模由杨毓岚、何朝良编写，其中第11章由杨毓岚完成，第12章由杨毓岚、何朝良完成。牟萍承担全书的统稿和校订工作。

本教材在编写过程中得到重庆交通大学教务处、河海学院领导的大力支持，同时得到重庆江河工程咨询中心有限公司詹志兵高级工程师的帮助，在此表示最诚挚的感谢。

本教材在编写过程中引用了大量的标准，借鉴了很多专业文献和资料，恕未在书中一一注明。在此，对有关作者表示诚挚的谢意。

本教材的内容体系构建还有不妥之处，且由于编者水平有限，编写时间仓促，不足之处在所难免。书中的缺点和不妥之处，恳请广大师生和读者批评指正，编者不胜感激。

编　者

2021年12月

第1篇 基础绘图

第1章 AutoCAD 2020 基础 ··· 2
 一、实验目的 ·· 2
 二、实验内容 ·· 2
 三、知识测验 ·· 3

第2章 简单平面图形的绘制 ··· 5
 一、实验目的 ·· 5
 二、实验内容 ·· 5
 三、知识测验 ·· 7
 四、课外拓展 ·· 9

第3章 绘图辅助工具 ·· 10
 一、实验目的 ·· 10
 二、实验内容 ·· 10
 三、知识测验 ·· 11
 四、课外拓展 ·· 13

第4章 平面图形的编辑 ·· 15
 一、实验目的 ·· 15
 二、实验内容 ·· 15
 三、知识测验 ·· 19
 四、课外拓展 ·· 22

第5章 文字、尺寸标注与表格 ·· 24
 一、实验目的 ·· 24
 二、实验内容 ·· 24

— 1 —

三、知识测验 ··· 27
　　四、课外拓展 ··· 29
第 6 章　图案填充与面域 ··· 30
　　一、实验目的 ··· 30
　　二、实验内容 ··· 30
　　三、知识测验 ··· 33
　　四、课外拓展 ··· 34
第 7 章　图块、外部参照与光栅图像 ·· 36
　　一、实验目的 ··· 36
　　二、实验内容 ··· 36
　　三、知识测验 ··· 38
　　四、课外拓展 ··· 39
第 8 章　图纸布局与打印 ··· 40
　　一、实验目的 ··· 40
　　二、实验内容 ··· 40
　　三、知识测验 ··· 42
　　四、课外拓展 ··· 42

第 2 篇　专业绘图

第 9 章　水利专业绘图 ·· 44
　　一、实验目的 ··· 44
　　二、实验内容 ··· 44
第 10 章　土木专业绘图 ·· 51
　　一、实验目的 ··· 51
　　二、实验内容 ··· 51

第 3 篇　三维建模

第 11 章　三维曲面、网格模型 ·· 62
　　一、实验目的 ··· 62
　　二、实验内容 ··· 62
　　三、知识测验 ··· 63

四、课外拓展 ·· 64

第 12 章　三维实体模型 ·· 65

　　一、实验目的 ·· 65

　　二、实验内容 ·· 65

　　三、知识测验 ·· 70

　　四、课外拓展 ·· 71

附　　录

附录 A　参考答案 ··· 74

附录 B　常用工具按钮和命令 ·· 78

参考文献 ··· 81

第1篇

基础绘图

第1章　AutoCAD 2020 基础

一、实验目的

1. 掌握 AutoCAD 2020 的启动和退出方法；
2. 熟悉 AutoCAD 2020 的工作界面（标题栏、功能区、绘图区、快速访问工具栏、导航栏、状态栏、命令行窗口、坐标系图表、布局标签等）；
3. 熟悉 AutoCAD 2020 的绘图环境、图层、绘图单位等的设置方法；
4. 掌握 AutoCAD 2020 中新建、打开、关闭、保存、另存为等文件相关的知识和操作；
5. 掌握 AutoCAD 2020 中视图的重画、重生成、缩放、平移以及视口等相关知识和操作；
6. 掌握 AutoCAD 2020 中的基本输入操作。

二、实验内容

1. 设置绘图环境，按 A3 幅面（420mm×297mm）设置图形界限，并使绘图边界处于有效状态；设置绘图单位，长度类型为小数，精度为 0.000000，其他采用默认值。
2. 将 AutoCAD 的绘图区背景设置为黑色，修改图形窗口中十字光标的大小，将其设置为屏幕大小的 25%，将拾取框设置为适当大小。
3. 将 AutoCAD 的自动保存间隔分钟数设置为 5。
4. 按表 1.1 设置图层，并以"学号"命令另存为 .dwt 格式的图形样本文件。

图 层 属 性 设 置　　　　　　　　表1.1

名称	开关	冻结	锁定	打印	颜色	线型	线宽
粗实线	开	解冻	解锁	打印	白	Continuous	0.70mm
细点画线	开	解冻	解锁	打印	红	CENTER	0.18mm
细实线	开	解冻	解锁	打印	绿	Continuous	0.18mm
虚线	开	解冻	解锁	打印	黄	DASHED	0.35mm
双点画线	开	解冻	解锁	打印	粉	PHANTOM	0.18mm
文字	开	解冻	解锁	打印	白	Continuous	默认
辅助线	开	解冻	解锁	不打印	洋红	Continuous	默认

5. 新建文档，图形样板选择上述学号命名的"学号.dwt"，并降低版本为 AutoCAD2004/LT2004 图形保存，以"学号.dwg"命名。

三、知识测验

1. 单项选择题

(1) 以下哪种文件后缀不属于 AutoCAD 的文件扩展名？（　　　）

  A. .dwg   B. .doc   C. .dwt   D. .dws

(2) 下列不属于退出 AutoCAD 操作的是(　　　)。

  A. 在命令行输入 QUIT 或 EXIT

  B. 点击 AutoCAD 操作界面右上角的关闭按钮"×"

  C. 通过菜单栏【文件】→【退出】或【主菜单】→【关闭】

  D. 双击 AutoCAD 绘图区域

(3) 在 AutoCAD 中，关于视图的缩放说法正确的是(　　　)。

  A. 视图的缩放仅改变图形在屏幕上的视觉效果，并不改变图形的实际尺寸

  B. 视图的缩放既改变图形在屏幕上的视觉效果，也改变图形的实际尺寸

  C. 视图的缩放改变图形的实际尺寸，但不改变图形在屏幕上的视觉效果

  D. 以上说法均不正确

(4) 在 AutoCAD 中，ZOOM 命令在执行过程中改变了(　　　)。

  A. 图形在窗口中的位置   B. 图形的界线范围大小

  C. 图形在窗口中显示的大小   D. 图形的绝对坐标

(5) 下列不属于图层设置的范围是(　　　)。

  A. 颜色   B. 线宽   C. 过滤器   D. 线型

(6) 下列哪种方法是重新执行上一个命令的最快方法？（　　　）

  A. 按 Esc 键   B. 按 Enter 键   C. 按 Shift 键   D. 按 F1 键

(7) 在命令行状态下，不能调用"帮助"功能的操作是(　　　)。

  A. 在"交互信息工具栏"上单击按钮"?"

  B. 功能键"F1"

  C. 键入"HELP"命令

  D. 快捷键"Ctrl + H"

(8) 当看到却无法删除某图层上的图线时，说明该层被(　　　)。

  A. 关闭   B. 删除   C. 锁定   D. 冻结

2. 多项选择题

(1) AutoCAD 2020 为用户提供了哪些工作空间？（　　　）

  A. "二维基础"工作空间   B. "三维基础"工作空间

  C. "三维建模"工作空间   D. "草图与注释"工作空间

(2) 在 AutoCAD 中，不能删除的图层是(　　　)。

  A. 当前图层   B. 包含有对象的图层

  C. 修改过名称的图层   D. 0 图层和 defpoints 图层

(3)在 AutoCAD 中,可以给图层定义的特性包括(　　)。
　　A. 线宽　　　　　B. 颜色　　　　　C. 打印/不打印　　D. 隐藏/不隐藏
(4)在 AutoCAD 中,下述哪些图层上的对象不能打印输出?(　　)
　　A. 处于关闭状态的图层　　　　　　B. 处于冻结状态的图层
　　C. 处于锁定状态的图层　　　　　　D. 透明度为 0 的图层
(5)在 AutoCAD 中,若想结束命令,可以通过哪些操作实现?(　　)
　　A. 按 Enter 键　　B. 按 Space 键　　C. 按 Esc 键　　D. 按 Backspace 键
(6)在 AutoCAD 中,当命令行不小心被关闭后,可以通过哪些操作恢复?(　　)
　　A. 点击菜单栏【工具】→【自定义】　　B. 点击菜单栏【工具】→【命令行】
　　C. 按组合键"Ctrl + 1"　　　　　　D. 按组合键"Ctrl + 9"
(7)在 AutoCAD 中,关于鼠标中间滚轮的叙述正确的是(　　)。
　　A. 旋转滚轮向前或向后,可以实时缩放、拉近、拉远
　　B. 压住滚轮不放并拖拽鼠标,可以实现实时平移
　　C. 双击滚轮,相当于执行范围缩放,可以将绘图区的所有对象最大限度呈现
　　D. 按压滚轮并按住 Shift 键,可以实现三维旋转
(8)在 AutoCAD 软件中,单击鼠标左键可以实现(　　)。
　　A. 拾取对象　　　B. 选择工具　　　C. 点击绘图　　　D. 显示快捷菜单

第2章 简单平面图形的绘制

一、实验目的

1. 熟悉 AutoCAD 的坐标系,掌握相对坐标和绝对坐标的输入方法;
2. 掌握 LINE、CICLE、PLINE、RECTANG、ELLIPSE、POLYGON、XLINE、SPLINE、DONUT 等命令;
3. 掌握 POINT、DIVIDE、MEASURE 等命令。

二、实验内容

1. 利用 LINE 命令绘制图 2.1 所示图形,不标注尺寸。

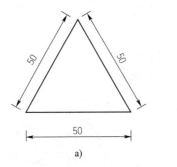 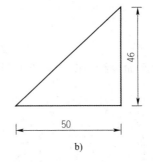

图 2.1　绘制三角形

2. 利用 LINE 命令绘制图 2.2 所示图形,不标注尺寸。

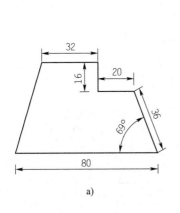 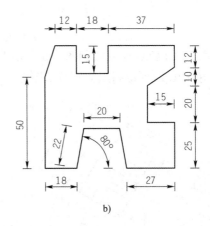

图 2.2

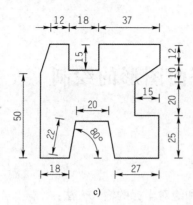
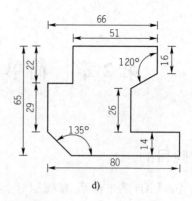

c) d)

图 2.2 绘制简单平面图形

3. 利用 RECTANG 命令绘制图 2.3 所示图形，不标注尺寸。

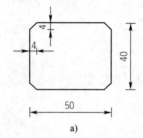
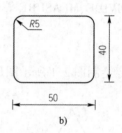

a) b)

图 2.3 绘制倒角、圆角矩形

4. 利用 CICLE 命令绘制图 2.4 所示图形，不标注尺寸。

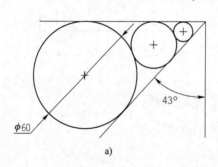
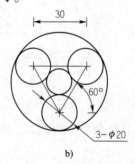

a) b)

图 2.4 绘制相切圆形

5. 利用 RECTANG 命令绘制图 2.5 所示图形，不标注尺寸。

6. 利用 ARC 命令绘制图 2.6 所示图形，不标注尺寸。

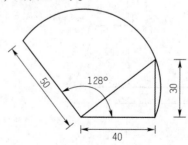

图 2.5 绘制旋转矩形   图 2.6 绘制圆弧

7. 利用 RECTANG、ELLIPSE、POLYGON 等命令绘制图 2.7 所示图形,不标注尺寸。

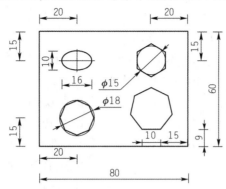

图 2.7 绘制矩形、椭圆形和多边形

8. 利用 DIVIDE、MEASURE 等命令绘制图 2.8 所示图形,不标注尺寸。

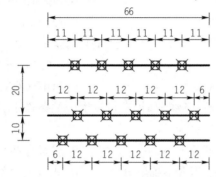

图 2.8 绘制定距等分和定数等分点

9. 利用 PLINE 命令绘制图 2.9 所示图形,不标注尺寸。

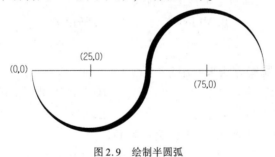

图 2.9 绘制半圆弧

三、知识测验

1. 单项选择题

（1）在 AutoCAD 中,下列坐标中使用相对极坐标的是(　　)。

  A. 32<18　　　　B. @32<18　　　　C. 32,18　　　　D. @32,18

（2）在 AutoCAD 中,用 LINE 命令绘制封闭图形时,最后一段直线可在敲击字母(　　)后回车而自动封闭。

  A. C　　　　　　B. G　　　　　　　C. D　　　　　　D. O

(3) 在 AutoCAD 中,下面哪个命令用于绘制圆? (　　)
  A. ARC   B. ELLTPSE   C. CIRCLE   D. PLINE

(4) 在 AutoCAD 中,用于绘制圆弧的命令是(　　)。
  A. TRIM   B. ARC   C. REC   D. PLINE

(5) 在 AutoCAD 中绘制正多边形时,不正确的方法是(　　)。
  A. 内接法   B. 长度测量
  C. 外切法   D. 由边长确定

(6) 下列哪个对象不可以使用 PLINE(PL)命令来绘制? (　　)
  A. 椭圆弧   B. 具有宽度的直线
  C. 圆弧   D. 直线

(7) 下列哪个命令可以绘制连续的直线段,且每一部分都是单独的线对象? (　　)
  A. POLYGON(POL)   B. PLINE(PL)
  C. RECTANGLE(REC)   D. LINE(L)

(8) 在 AutoCAD 中,下列绘图命令中含有"倒角"选项的命令是(　　)。
  A. ELLIPSE(EL)   B. SPLINE(SPL)
  C. RECTANGLE(REC)   D. POLYGON(POL)

(9) 用 DIVIDE 命令等分一条线段时,在可以等分的条件下,该线段上不显示等分点,则可能的原因是(　　)。
  A. 线段太长不可被等分   B. 线段存在弧度不可被等分
  C. 由于点样式设置不当看不到等分点 D. 线段太短不可被等分

(10) (　　)命令用于绘制多条相互平行的线,每一条的颜色和线型可以相同,也可以不同。此命令常用来绘制建筑工程上的墙线。
  A. PLINE   B. MLINE   C. SPLINE   D. LINE

2. 多项选择题

(1) 可以利用以下哪些方法来调用命令? (　　)
  A. 在命令提示区输入命令   B. 单击工具栏上的按钮
  C. 选择下拉菜单中的菜单项   D. 在图形窗口单击鼠标左键

(2) 关于 AutoCAD 的坐标系,以下说法正确的是(　　)。
  A. AutoCAD 的坐标系包括世界坐标系(WCS)和用户坐标系(UCS)
  B. 世界坐标系(WCS)是系统的默认原点坐标(0,0,0)
  C. 用户坐标系(UCS)是根据用户自己需求建立的坐标
  D. UCS 图标仅是一个 UCS 原点方向的图形提示符

(3) 多段线(PLINE)绘制的线与直线(LINE)绘制的线有何不同? (　　)
  A. 前者绘制的线,是一个整体;后者绘制的线,每一段都是独立的图形对象
  B. 前者可以绘制圆弧,后者只能绘制直线
  C. 前者绘制的线可以设置线宽,后者绘制的线没有线宽
  D. 前者绘制的线,每一段都是独立的图形对象,后者绘制的线,是一个整体

四、课外拓展

1. 利用 PLINE 命令绘制图 2.10 所示图形,不标注尺寸。

图 2.10　绘制嵌套半圆弧

提示:可利用多段线绘制圆弧的功能。

2. 利用 PLINE 命令绘制图 2.11 所示图形,不标注尺寸。

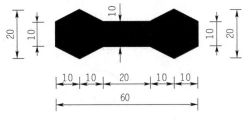

图 2.11　绘制哑铃

提示:设置多段线的宽度。

3. 利用 MLINE 命令及多线编辑功能绘制图 2.12 所示图形,不标注尺寸。

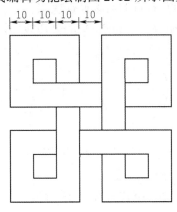

图 2.12　绘制九连环

提示:合理设置多线的对正方式(J)和比例(S)。

第 3 章 绘图辅助工具

一、实验目的

1. 掌握状态栏设置及使用方法、自定义状态栏中几种常用开关；
2. 掌握草图设置及应用，提高绘图准确性；
3. 掌握图形定位方法，实现快速定位；
4. 掌握快速选择、对象选择过滤器、快速计算器等的操作。

二、实验内容

1. 如图 3.1 所示，准确过点 A（用点方式画点，不是圆）向圆 O 作切线。

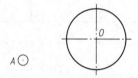

图 3.1 过点作圆切线

提示：设置节点（nod）和切点（tan）的对象捕捉模式。

2. 如图 3.2 所示，准确绘制出圆 O_1 和圆 O_2 的公切线（外公切线、内公切线均可）。

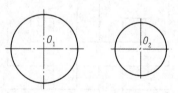

图 3.2 作两圆公切线

提示：设置切点（tan）的对象捕捉模式。

3. 如图 3.3 所示，绘制直线 CD，使其与直线 AB 共线。

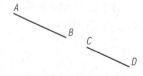

图 3.3 两直线共线

提示：设置延长线（ext）的对象捕捉模式。

4. 利用极轴追踪绘制图 3.4 所示五角星和螺旋线，不标注尺寸。

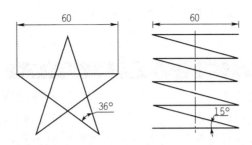

图 3.4　绘制五角星和螺旋线

5.绘制图 3.5 所示平面图形,矩形内部直线段(除从四个顶点处开始绘制的直线)端点在各线段中点处,从四个顶点出发绘制的直线垂直于另一条线,不标注尺寸。

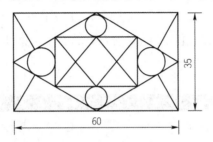

图 3.5　绘制平面图形

6.绘制图 3.6 所示平面图形,不标注尺寸。

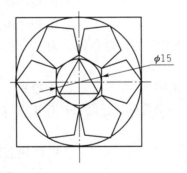

图 3.6　绘制平面图形

三、知识测验

1.单项选择题

(1)如下图所示,用正交模式绘制图形,应开启状态栏哪个开关?(　　)

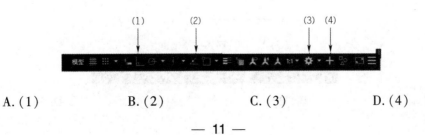

A.(1)　　　　B.(2)　　　　C.(3)　　　　D.(4)

(2)对于下图中箭头所示开关,以下说法正确的是(　　　)。

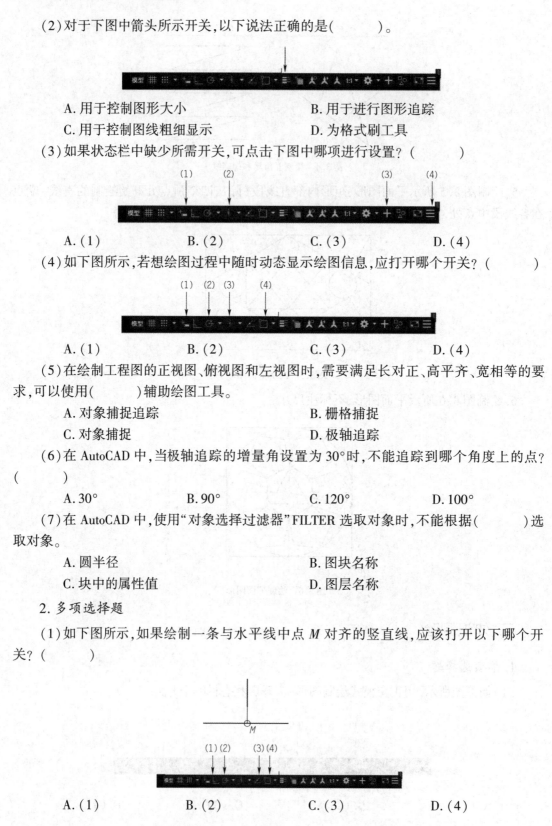

    A.用于控制图形大小　　　　　　　B.用于进行图形追踪
    C.用于控制图线粗细显示　　　　　D.为格式刷工具

(3)如果状态栏中缺少所需开关,可点击下图中哪项进行设置?(　　　)

    A.(1)　　　　B.(2)　　　　C.(3)　　　　D.(4)

(4)如下图所示,若想绘图过程中随时动态显示绘图信息,应打开哪个开关?(　　　)

    A.(1)　　　　B.(2)　　　　C.(3)　　　　D.(4)

(5)在绘制工程图的正视图、俯视图和左视图时,需要满足长对正、高平齐、宽相等的要求,可以使用(　　　)辅助绘图工具。

    A.对象捕捉追踪　　　　　　　　　B.栅格捕捉
    C.对象捕捉　　　　　　　　　　　D.极轴追踪

(6)在 AutoCAD 中,当极轴追踪的增量角设置为30°时,不能追踪到哪个角度上的点?(　　　)

    A.30°　　　　B.90°　　　　C.120°　　　　D.100°

(7)在 AutoCAD 中,使用"对象选择过滤器"FILTER 选取对象时,不能根据(　　　)选取对象。

    A.圆半径　　　　　　　　　　　　B.图块名称
    C.块中的属性值　　　　　　　　　D.图层名称

2.多项选择题

(1)如下图所示,如果绘制一条与水平线中点 M 对齐的竖直线,应该打开以下哪个开关?(　　　)

    A.(1)　　　　B.(2)　　　　C.(3)　　　　D.(4)

(2) 在绘图过程中,应如何进行对象捕捉设置?(　　)
　　A. 在状态栏的下拉箭头中选择　　　　B. 按 shift + 鼠标右键选择
　　C. 键入 'se　　　　　　　　　　　　D. 键入对象捕捉命令缩写
(3) 如下图所示,为快速确定键槽水平距离 23,可采用以下哪些方式?(　　)

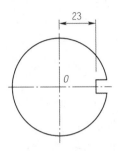

　　A. 从圆心 O 点绘制长度为 23 的线段,捕捉线段端点进行绘制
　　B. 捕捉到圆心 O 点,鼠标沿中心线右移,输入 23
　　C. 目测距离合适即可
　　D. 使用临时追踪(TT)实现

(4) 如下图所示,快速确定廊道 O 的位置,可采用以下哪些方式?(　　)

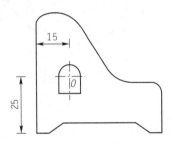

　　A. 设置用户坐标系　　　　　　　　　B. 使用临时追踪(TT)
　　C. 使用 FROM 命令　　　　　　　　　D. 使用连续追踪(TK)

(5) 在 AutoCAD 中,关于极轴追踪的叙述正确的是(　　)。
　　A. 设置极轴追踪时,可以设置一个追踪增量角和多个附加角
　　B. 设置极轴追踪时,可以设置一个追踪附加角和多个增量角
　　C. 启用极轴追踪后,系统将在 360°范围内显示预先设置的附加角的 $N(N=0,1,2,\cdots\cdots)$ 倍,但增量角仅显示预先设置的角度
　　D. 启用极轴追踪后,系统将在 360°范围内显示预先设置的增量角的 $N(N=0,1,2,\cdots\cdots)$ 倍,但附加角仅显示预先设置的角度

四、课外拓展

1. 绘制图 3.7 所示平面图形,尺寸自定,需满足以下几何条件:AB、CD、EF 是圆的公切线,M 是 EF 中点,PE、PH 与圆相切,PM、PE、PH 相交于 P 点,KL 与 PE 共线,RS 与 PH 共线,SG 与 PG 相交于 G 点,LH 与 PH 相交于 H 点。

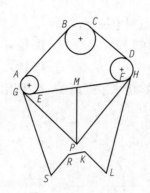

图 3.7 绘制平面图形

2. 绘制图 3.8 所示平面图形,不标注尺寸。

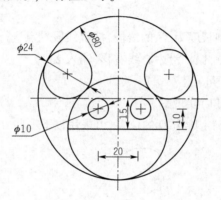

图 3.8 绘制平面图形

第4章 平面图形的编辑

一、实验目的

1. 合理组织图形,提高绘图效率;
2. 熟悉修改命令,合理、有效使用编辑功能。

二、实验内容

1. 利用阵列等命令绘制图 4.1~图 4.5 所示图形,图中未给出的尺寸可自行定义。

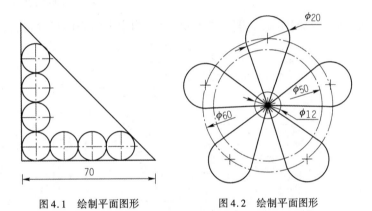

图 4.1 绘制平面图形　　　　图 4.2 绘制平面图形

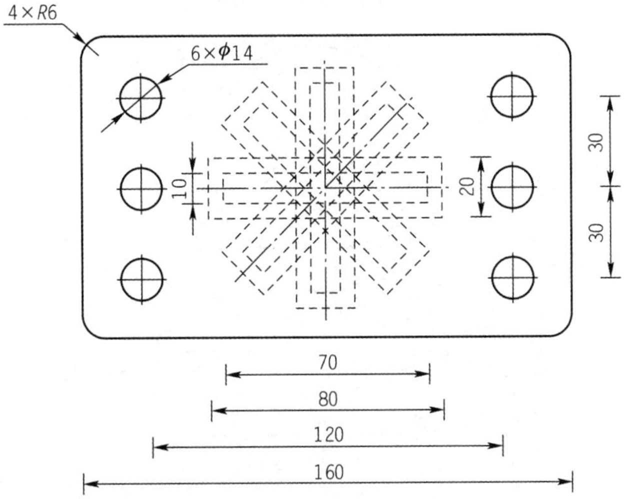

图 4.3 绘制平面图形

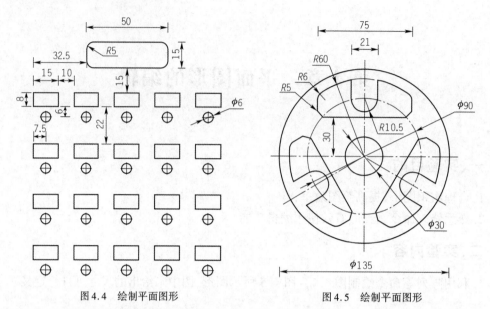

图 4.4　绘制平面图形　　　　图 4.5　绘制平面图形

2. 利用镜像等命令绘制图 4.6、图 4.7 所示图形,图中未给出的尺寸可自行定义。

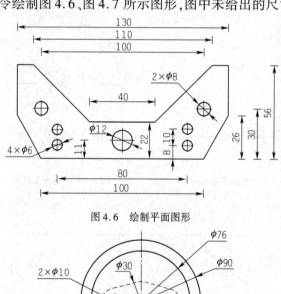

图 4.6　绘制平面图形

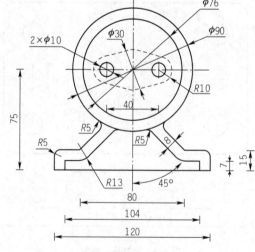

图 4.7　绘制平面图形

3. 利用旋转等命令绘制图 4.8、图 4.9 所示图形,图中未给出的尺寸可自行定义。

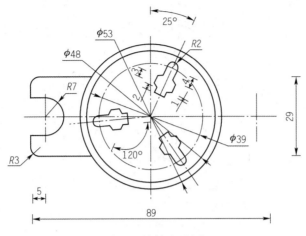

图 4.8　绘制平面图形

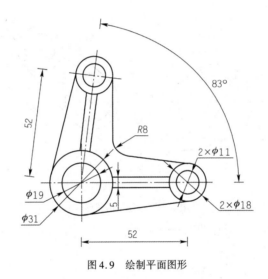

图 4.9　绘制平面图形

4. 利用偏移、旋转等命令绘制图 4.10～图 4.15 所示图形,图中未给出的尺寸可自行定义。

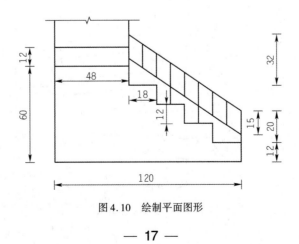

图 4.10　绘制平面图形

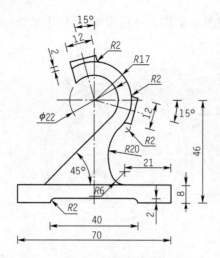

图 4.11 绘制平面图形

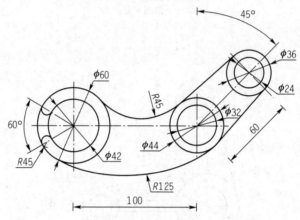

图 4.12 绘制平面图形

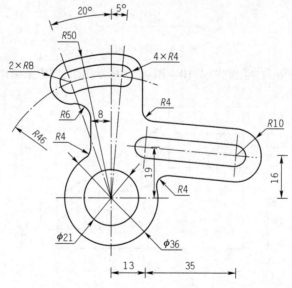

图 4.13 绘制平面图形

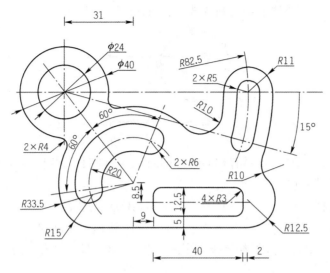

图 4.14 绘制平面图形

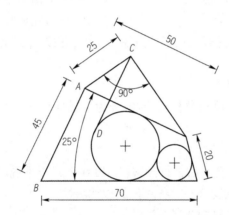

图 4.15 绘制平面图形

注：AB∥CD，两圆之间、圆与各几何元素之间相切。

三、知识测验

1. 单项选择题

(1) 下列说法正确的是(　　)。
　　A. 窗口选择与窗交选择的效果无区别
　　B. 窗口选择是按对角顶点从左向右的顺序
　　C. 窗交选择是按对角顶点从左向右的顺序
　　D. 窗口选择中，矩形框内及与矩形边界相交的对象均被选中

(2) 执行拉伸(S)命令时，采用以下哪种选择方式？(　　)
　　A. 点选　　　　　　　　　　B. 窗口选择
　　C. 窗交选择　　　　　　　　D. 栏选

(3)如下图所示,如果要取消对圆的选择,应按住哪个键?(　　　)

　　A. Space　　　　B. Ctrl　　　　C. Shift　　　　D. Alt

(4)复杂图形中,选择一组具有相同特性的对象(相同图层、相同直径圆、相同线型等),可采用以下哪种方式?(　　　)

　　A. 窗口选择　　　　　　　　　　B. 窗交选择

　　C. 圈选　　　　　　　　　　　　D. 快速选择(QSE)

(5)使用复制(CO)命令时,如果指定了基点坐标,并在第二点输入@,按 Enter 键结束,此时(　　　)。

　　A. 图形位于指定的基点处　　　　B. 图形回到原点

　　C. 图形与原图形重合　　　　　　D. 没有完成复制

(6)进行打断(BREAK)操作,在第二点输入了@,并按 Enter 键结束,则以下说法正确的是(　　　)。

　　A. 没有进行打断操作

　　B. 在第一打断点处将对象打断,对象分为两部分

　　C. 对象被删除

　　D. 系统提示指定第二点

(7)对不同属性的对象合并后进行分解(EXPLODE),以下说法正确的是(　　　)。

　　A. 分解后的对象恢复合并前各对象的原始属性

　　B. 分解后的对象恢复为 0 层的属性

　　C. 分解后的对象保留了合并后的对象属性

　　D. 以上说法均不正确

(8)进行合并(JION)操作时,以下说法正确的是(　　　)。

　　A. 粗实线与细实线合并,合并后是粗实线

　　B. 0 图层与其他图层图形合并后,图形属于 0 层

　　C. 图形合并后属性与合并时的拾取顺序有关

　　D. 图形合并后属性与合并时的拾取顺序无关

(9)进行环形阵列时(ARRAY),如果阵列项目数是 10,应输入的项目数是(　　　)。

　　A. 9　　　　　　　　　　　　　B. 10

　　C. 11　　　　　　　　　　　　　D. 不用输入,默认项目数是 10

(10)进行矩形阵列(ARRAY)时,以下说法正确的是(　　　)。

　　A. 阵列时,通过输入数据正、负改变阵列方向

　　B. 阵列时,先拖动夹点改变方向,再输入间距

C. 阵列时,先输入间距,再拖动夹点改变方向

D. 阵列时,如果提前输入了行数和列数,则操作过程中,行数和列数不能再变

2. 多项选择题

(1)圆角(F)操作不成功,可能是下列哪种情况所导致?(　　　)

　　A. 两条线不相交　　　　　　　　B. 没有设置半径值

　　C. 半径小于两条线长度　　　　　D. 半径大于两条线长度

(2)如左图所示的两条相交直线变成右图所示情况,可能是执行了以下哪项操作?(　　　)

　　A. 圆角(FILLET)　　　　　　　B. 修剪(TRIM)

　　C. 延伸(EXTEND)　　　　　　D. 倒角(CHAMFER)

(3)如下图所示,进行倒角操作时,以下说法正确的是(　　　)。

　　A. 第一个倒角输入10,第二个倒角输入6,依次拾取 AD、AB 即可

　　B. 第一个倒角输入10,第二个倒角输入6,依次拾取 AB、AD 即可

　　C. 第一个倒角输入6,第二个倒角输入10,依次拾取 AD、AB 即可

　　D. 第一个倒角输入6,第二个倒角输入10,依次拾取 AB、AD 即可

(4)如下图所示,将长度为30的线段长度变为40,可采用以下哪些操作?(　　　)

　　A. 延伸(EXTEND)　　　　　　B. 拉伸(STRETCH)

　　C. 拉长(LENGTHEN)　　　　　D. 缩放(SCALE)

(5)在 AutoCAD 中,用以下哪些命令绘制的图形可以分解?(　　　)

　　A. RECTANG　　　　　　　　　B. POLYGON

　　C. CIRCLE　　　　　　　　　　D. ELLIPSE

3. 判断题

(1)两条平行线之间不能倒圆角(FILLET)。　　　　　　　　　　　　　　(　　)

(2)执行打断(BREAK)操作时,不能打断确定长度。　　　　　　　　　　(　　)

(3)文字镜像时,文字镜像后永远保持文字与原文字一样。　　　　　　　(　　)

(4)图形阵列后,一定是以图块的形式出现。　　　　　　　　　　　　　(　　)

(5)任何情况下都可进行对圆或矩形的向内偏移(OFFSET)操作。　　　　(　　)

四、课外拓展

1. 绘制图 4.16 所示 JT 字样。

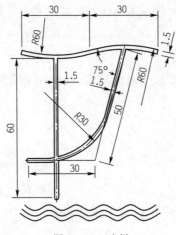

图 4.16 JT 字样

2. 绘制图 4.17 所示蝴蝶平面图。

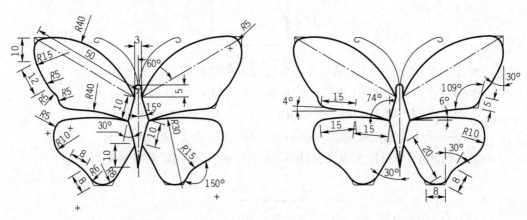

图 4.17 蝴蝶平面图

3. 抄绘图 4.18 所示图形。

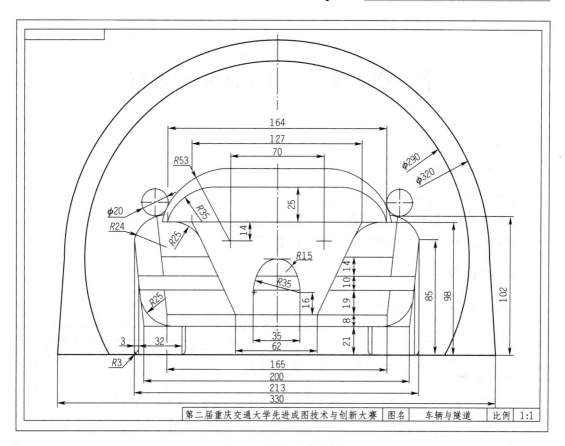

图4.18 车辆与隧道设计图

第5章 文字、尺寸标注与表格

一、实验目的

1. 掌握文字样式及字体的设置方法；
2. 掌握尺寸标注样式的设置及尺寸的标注方法；
3. 掌握表格样式的设置方法和表格的创建、编辑方法。

二、实验内容

1. 按表 5.1 所列参数设置 4 种文字样式。

文字样式设置参数　　　　　　　　　　　　　表 5.1

字体名称	字体名	字体样式/大字体	高度	宽度因子
标注文字	gbenor.shx	gbcbig.shx	0	1
长仿宋	仿宋	常规	3.5	0.707
宋体	宋体	常规	5	0.707
数字	Times New Roman	常规	3.5	0.707

2. 按要求设置尺寸标注样式，标注样式命名为"SL1_1"。各参数见表 5.2，表中未列出的参数可自行设置，但应满足规范要求。

尺寸样式设置参数　　　　　　　　　　　　　表 5.2

类别		参数
线	尺寸线	颜色、线性、线宽设置为 Bylayer，超出标记设置为 0，基线间距设置为 7，不隐藏
	尺寸界线	颜色、尺寸界线线型、线宽设置为 Bylayer，超出尺寸线设置为 2、起点偏移量设置为 2，固定长度的尺寸界线设置为 2
符号和箭头	箭头	箭头类型实心闭合，箭头大小 2.5，其他为默认值
文字	文字外观	文字样式设为标注文字，颜色设置为 Bylayer，填充颜色无，文字高度 2.5，其他为默认值
	文字位置	垂直设置为上，水平设置为居中，观察方向设置为从左到右，从尺寸线偏移设置为 1
	文字对齐	ISO 标准
其他		均为默认值

在上述的标注样式的基础上,新建线性、半径、直径和角度4个子样式,具体要求如下:
(1)线性。箭头第一个和第二个均为倾斜,水平对齐设置为与尺寸线对齐。
(2)半径。箭头第二个为实心箭头,水平对齐设置为ISO标准。
(3)直径。箭头第一个和第二个均为实心箭头,水平对齐设置为ISO标准。
(4)角度。箭头第一个和第二个均为实心箭头,水平对齐设置为水平。

3.绘制A3幅面图纸(横向装订)的幅面线、图框线以及标题栏(图5.1),其中标题栏内文字为长仿宋体,"单位名称"为7号字,工程名和图名为5号字,其他为3.5号字。

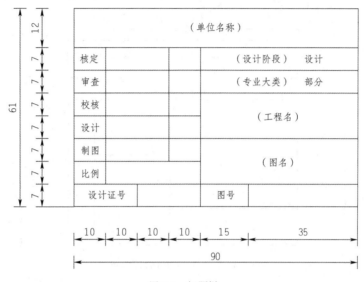

图5.1 标题栏

4.绘制图5.2所示的桁架结构示意图,并标注尺寸。

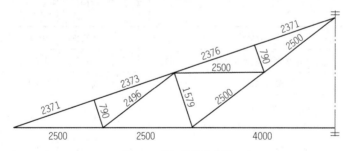

图5.2 桁架结构示意图

说明:图中尺寸数字四舍五入。

5.绘制图5.3所示组合体的正视图和俯视图,按1∶10缩小后放置在A3图框内,并标注尺寸。

提示:设置尺寸标注样式。

6.按要求绘制闸门门体材料表(表5.3)。要求:①标题字体宋体,字高5mm,表格文字为长仿宋体,字高3.5mm,表格数字为Times New Roman字体,字高3.5mm。②表格线宽:粗线0.3mm,细线宽度默认。

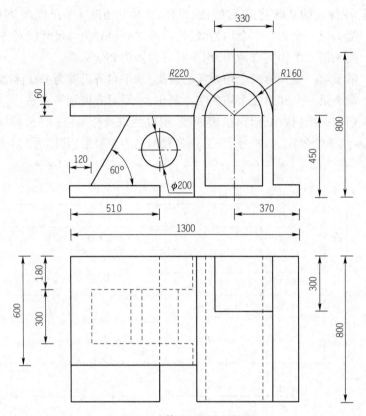

图 5.3 组合体的正视图和俯视图

闸门门体材料表 表 5.3

序号	代 号	名 称	单位	数量	材料	质量（kg）		附 注
						单件	总件	
1		门体结构	扇	1	结构件	3034	3034	混凝土 1.122m³
2		止水螺栓 M16×160	件	18	Q235	0.25	4.50	
3	GB52-76	螺母 AM16	件	26	Q235	0.001	0.03	
4	P 型 29	水封橡皮 $\phi10 \times R20 \times 120 \times 15 \times 2560$	件	2	Q235	7.68	15.36	南京橡胶厂
5	GB704-65	水封压板 6×80×2550	件	2	Q235	9.37	18.74	
6	切角型 151	水封橡皮 100×15×(70×8)×2400	件	1	Q235	3.28	3.28	
7	GB704-65	水封压板 6×90×2380	件	1	Q235	10.09	10.09	南京橡胶厂
8	GB5-76	螺栓 M16×48	件	8	Q235	0.18	1.44	
9	GB853-76	斜垫圈 M16×48	件	8	Q235	0.001	0.01	
10	GB704-65	扁钢 36×50×2150	件	2	Q235	30.38	60.76	
								共约 3148kg

三、知识测验

1. 单项选择题

(1) 多行文字标注命令是( )。
　　A. TEXT(DT)　　B. MTEXT(T)　　C. QTEXT(QT)　　D. WTEXT(WT)

(2) 对于文字中的特殊符号,如果想添加直径符号,可通过以下哪个命令实现?( )
　　A. %%C　　B. %%D　　C. %%O　　D. %%P

(3) 对于文字中的特殊符号,如果想添加度数符号,可通过以下哪个命令实现?( )
　　A. %%C　　B. %%D　　C. %%O　　D. %%P

(4) 对于文字中的特殊符号,如果想添加正负号,可通过以下哪个命令实现?( )
　　A. %%C　　B. %%D　　C. %%O　　D. %%P

(5) 对于文字样式,以下说法错误的是( )。
　　A. "高度"文本框用于设置文字高度,如果设置为3.5,则每次用该样式输入文字时,文字默认高度均为3.5
　　B. "宽度因子"对话框用来确定文本字符的宽高比。当比例系数为1时,表示按字体文件中定义的宽高比标注文字。当此系数小于1时字变窄,反之变宽
　　C. "倾斜角度"对话框用于确定文字的倾斜角度,其取值范围为0°~90°
　　D. 在AutoCAD中,除了固有的SHX形状字体文件外,还可以使用TureType字体(如宋体、仿宋、Times New Roman等)

(6) 能真实反映倾斜对象实际尺寸的标注命令是( )。
　　A. DIMLINEAR(DLI)　　　　　　B. DIMALIGNED(DAL)
　　C. DIMANGULAR(DAN)　　　　　D. DIMDIAMETER(DDI)

(7) 如下图所示,标注圆柱体的直径,一般不采用下列哪种方法?( )

　　A. 新建一种标注样式,在样式对话框的主单位里面设置,前缀为"%%C"
　　B. 按线性尺寸进行标注,然后选择该尺寸标注,通过特性修改,即在特性对话框里设置,前缀为"%%C"
　　C. 在当前尺寸标注样式的基础上,通过替代新建一种临时样式,在样式对话框的主单位里面设置,前缀为"%%C"
　　D. 按线性尺寸进行标注,然后双击尺寸标注中的尺寸数字,输入"%%C30"替代原有的"30"

(8) 以下关于AutoCAD中表格的说法,错误的是( )。
　　A. 表格中的单元样式包括标题、表头和数据三种样式
　　B. 在新建表格样式时,可以对表格中的文字特性、边框特性等进行预设

　　　　C. 在新建表格样式时,表格的方向可以向上或者向下

　　　　D. 在新建表格时,可以任意设置行高

(9) 在 AutoCAD 中,某尺寸标注的尺寸数字是 100,当修改尺寸样式主单位选项卡中的比例因子设置为 5 时,尺寸数字 100 应变为(　　)。

　　　　A. 20　　　　　　B. 500　　　　　　C. 100　　　　　　D. 1

(10) 在 AutoCAD 中,用于设置延伸线的起点与被标注对象距离的参数是(　　)。

　　　　A. 超出标记　　　B. 超出尺寸线　　　C. 起点偏移量　　　D. 基线距离

2. 多项选择题

(1) 在 AutoCAD 中,绘制一个线性尺寸标注,必须(　　)。

　　　　A. 确定第一条尺寸界线的原点　　　B. 确定第二条尺寸界线的原点

　　　　C. 确定箭头的方向　　　　　　　　D. 确定尺寸线的位置

(2) 在 AutoCAD 中,属于尺寸标注子样式的有(　　)。

　　　　A. 线性标注　　　　　　　　　　　B. 角度标注

　　　　C. 半径和直径标注　　　　　　　　D. 坐标标注

(3) DIMLINEAR(DLI) 命令允许绘制哪个方向的尺寸标注?(　　)

　　　　A. 垂直　　　　　B. 对齐　　　　　C. 圆弧　　　　　D. 水平

(4) 以下关于 AutoCAD 中尺寸标注的描述,正确的是(　　)。

　　　　A. 在 AutoCAD 中进行尺寸标注时,尺寸文本是不能修改的,因它是图形实际尺寸的测量值

　　　　B. 在 AutoCAD 中用尺寸标注命令所形成的尺寸文本,尺寸线和尺寸界线类似于块,可以用 Explode 命令分解

　　　　C. 在 AutoCAD 中对尺寸标注样式进行设置时,可以对直径、半径、角度等的标注形式定义子样式

　　　　D. 在 AutoCAD 中用某一标注样式进行标注时,应首先将该样式设置为当前样式

(5) 以下关于基线标注和连续标注的说法,正确的是(　　)。

　　　　A. 连续标注可适用于线性尺寸标注、角度标注、坐标标注等

　　　　B. 基线标注仅适用于线性尺寸标注,对于角度标注、坐标标注等其他类型的标注则不适用

　　　　C. 在 AutoCAD 中进行基线标注之前,必须先标注出一个相关的尺寸

　　　　D. 在 AutoCAD 中进行连续标注之前,必须先标注出一个相关的尺寸

(6) 在 AutoCAD 中,属于尺寸标注设置中的箭头样式有(　　)。

　　　　A. 实心闭合　　　B. 建筑标记　　　C. 小点　　　　　D. 倾斜

(7) 在 AutoCAD 中,当文字样式中的字体高度设置为固定数值后,依然可以改变文字高度的有(　　)。

　　　　A. 单行文字　　　B. 多行文字　　　C. 表格　　　　　D. 标注

(8) 在 AutoCAD 中,尺寸标注的编辑有(　　)。

　　　　A. 倾斜尺寸标注　B. 对齐文本　　　C. 自动编辑　　　D. 标注更新

四、课外拓展

1. 如图 5.4 所示,分别按常规、反向、颠倒书写"水利工程 CAD 绘图实验教程"。

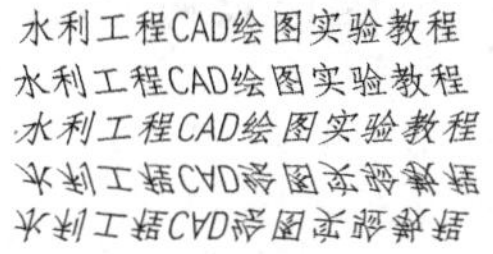

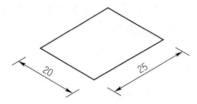

图 5.4　按不同要求书写文字

2. 在等轴测捕捉模式下绘制图 5.5 所示等轴测平面图,设置文字样式和标注样式,并进行标注。

图 5.5　等轴测平面图

3. 在 Excel 中创建一个包含多个数据表格,并将该表格导入 CAD 中。

第6章 图案填充与面域

一、实验目的

1. 掌握填充图案选择及设置方法，能正确对有效区域进行填充；
2. 了解面域的作用，掌握面域的使用方法，并能对面域进行布尔运算；
3. 利用面域及其布尔运算快速绘制图形。

二、实验内容

1. 按给定尺寸抄绘图 6.1 所示工字梁断面图。

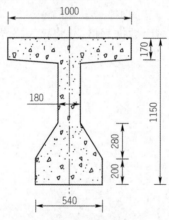

图 6.1　工字梁断面

2. 按给定尺寸抄绘图 6.2 所示梁的视图及断面图。

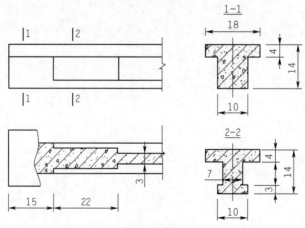

图 6.2　梁的视图及断面图

3. 按给定尺寸抄绘图 6.3 所示涵洞口视图及剖面图。

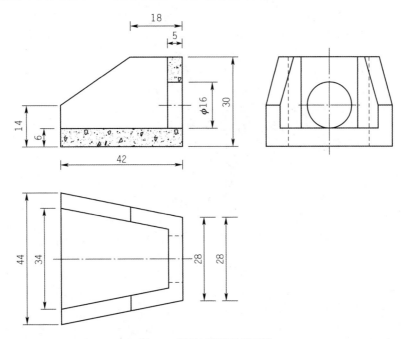

图 6.3　涵洞口视图及剖面图

4. 抄绘图 6.4 所示坝体断面图。

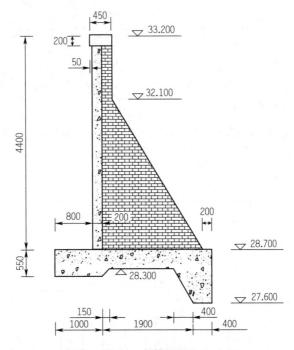

图 6.4　坝体断面图

5. 抄绘图 6.5 所示吊扇叶片。
6. 利用面域及其布尔运算抄绘图 6.6～图 6.8。

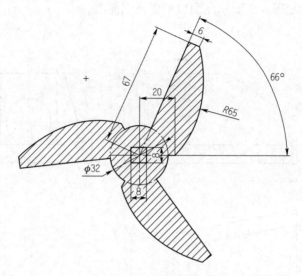

图6.5 吊扇叶片

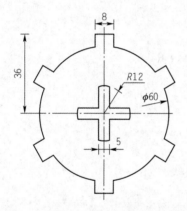

图6.6 面域及其布尔运算应用图(一)

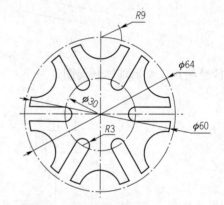

图6.7 面域及其布尔运算应用图(二)

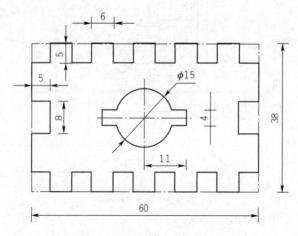

图6.8 面域及其布尔运算应用图(三)

三、知识测验

单项选择题

（1）如左图所示，拾取图中"×"位置点，获得如右图所示效果。以下哪种说法正确？（　　）

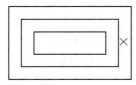 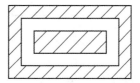

　　A. 取消孤岛检测

　　B. 设置孤岛检测，选择普通

　　C. 设置孤岛检测，选择外部

　　D. 拾取如果所示位置点，不能获得右图填充效果

（2）如下图所示，在不设置孤岛检测的情况下，依次由外向内拾取三个矩形边界，其填充效果是（　　）。

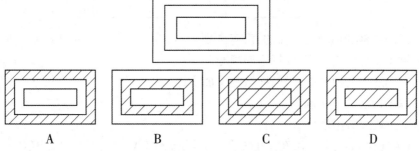

（3）如左图所示，框中圈出区域不好看，可采用什么操作使其达到右图所示效果？（　　）

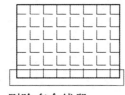 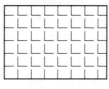

　　A. 打散填充块，删除多余线段

　　B. 调节方块大小，使其与边界对齐为止

　　C. 重新设定原点

　　D. 将矩形边界调整到对方块对齐

（4）如下图所示，填充间隔大小不同，可通过什么操作实现？（　　）

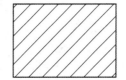 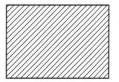

　　A. 改变填充比例　　　　　　　　B. 改变图层

　　C. 重新设置距离　　　　　　　　D. 用 SC 放大填充

(5) 下图所示的填充角度分别是( )。

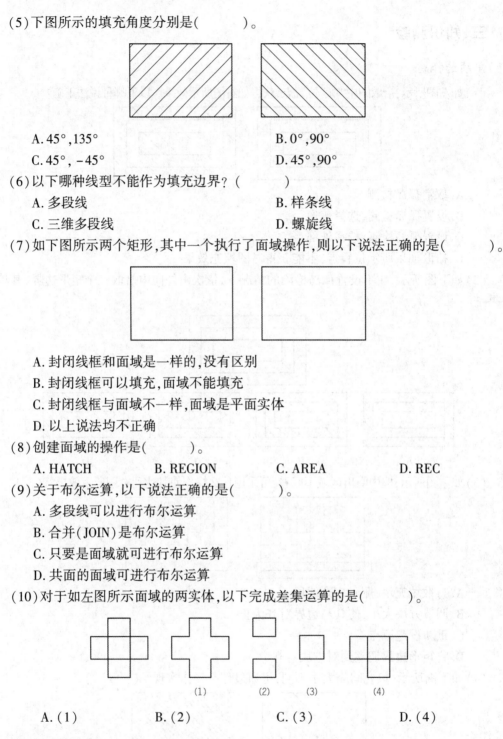

　　A. 45°,135°　　　　　　　　　　　B. 0°,90°
　　C. 45°,-45°　　　　　　　　　　　D. 45°,90°

(6) 以下哪种线型不能作为填充边界？( )
　　A. 多段线　　　　　　　　　　　　B. 样条线
　　C. 三维多段线　　　　　　　　　　D. 螺旋线

(7) 如下图所示两个矩形，其中一个执行了面域操作，则以下说法正确的是( )。

　　A. 封闭线框和面域是一样的，没有区别
　　B. 封闭线框可以填充，面域不能填充
　　C. 封闭线框与面域不一样，面域是平面实体
　　D. 以上说法均不正确

(8) 创建面域的操作是( )。
　　A. HATCH　　　B. REGION　　　C. AREA　　　D. REC

(9) 关于布尔运算，以下说法正确的是( )。
　　A. 多段线可以进行布尔运算
　　B. 合并(JOIN)是布尔运算
　　C. 只要是面域就可进行布尔运算
　　D. 共面的面域可进行布尔运算

(10) 对于如左图所示面域的两实体，以下完成差集运算的是( )。

　　　　(1)　　　　(2)　　　　(3)　　　　(4)
　　A. (1)　　　B. (2)　　　C. (3)　　　D. (4)

四、课外拓展

1. 绘制图6.9所示的毕达哥拉斯树。可自定义尺寸和颜色填充(题目中只填充了部分)。
2. 绘制图6.10所示的房屋平面图，尺寸自定。

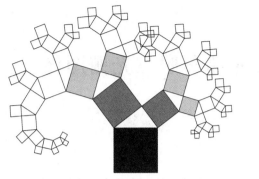

图 6.9 毕达哥拉斯树　　　　　　图 6.10 房屋平面图

3. 绘制图 6.11 所示平面图形。

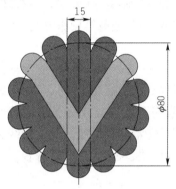

图 6.11 绘制平面图形

提示：外圈使用面域。

4. 绘制图 6.12 所示平面图形。

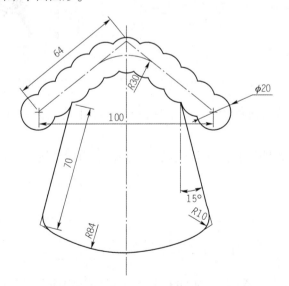

图 6.12 绘制平面图形

提示：顶部使用面域。

第 7 章 图块、外部参照与光栅图像

一、实验目的

1. 掌握 AutoCAD 2020 中图块定义、保存、插入的方法,了解动态块的编辑方法,掌握图块属性的定义、修改和编辑方法;

2. 了解 AutoCAD 2020 中外部参照附着、裁剪、绑定和管理等操作方法;

3. 了解 AutoCAD 2020 中图像附着、裁剪等操作方法。

二、实验内容

1. 绘制图 7.1 所示水流方向符号(不标注尺寸),其中图线宽可取为 $0.35\sim0.5\mathrm{mm}$,B 可取为 $10\sim15\mathrm{mm}$,并将图 7.1 设置为图块,块名为水流方向符号。

2. 绘制图 7.2 所示指北针符号(不标注尺寸),其中图线宽可取为 $0.35\sim0.5\mathrm{mm}$,B 可取为 $16\sim20\mathrm{mm}$,并将图 7.2 设置为图块,块名为指北针符号。

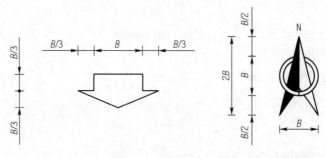

图 7.1 水流方向符号 　　图 7.2 指北针符号

3. 绘制图 7.3 所示立面高程符号(不标注尺寸),并设置为属性块,块名为立面高程符号。

4. 绘制图 7.4 所示水位符号(不标注尺寸),并设置为属性块,块名为水位符号。

图 7.3 立面高程符号 　　图 7.4 水位符号

5. 绘制图 7.5 所示挡土墙剖面图。

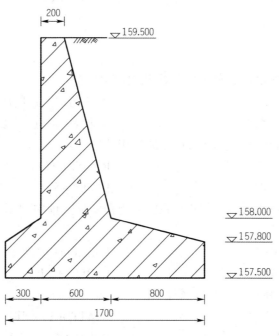

图 7.5 挡土墙剖面图

6. 绘制图 7.6a)所示水工图用平面高程符号和图 7.6b)所示港工图用平面高程符号(不标注尺寸),并设置为属性块,块名分别为水工平面高程符号和港工平面高程符号。

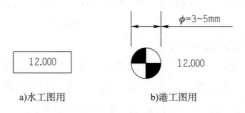

a)水工图用　　　　b)港工图用

图 7.6 平面高程符号

7. 设计图 7.7a)所示图形,并创建属性"序号、名称、数量、材料、备注",然后将图形与属性一起制成图块,插入已创建的图块,生成图 7.7b)所示的明细表。

序号	名称	数量	材料	备注

a)

序号	名称	数量	材料	备注
6	泵轴	1	45	
5	垫圈B12	2	A3	GB97—76
4	螺母M12	8	45	GB58—76
3	内转子	1	40Cr	
2	外转子	1	40Cr	
1	泵体	1	HT25—47	
序号	名称	数量	材料	备注

b)

图 7.7 水泵材料明细表

三、知识测验

1. 单项选择题

(1) 在创建块时,在块定义对话框中必须确定的要素为(　　)。
　　A. 块名、基点、对象　　　　　　B. 块名、基点、属性
　　C. 基点、对象、属性　　　　　　D. 块名、基点、对象、属性

(2) 在 AutoCAD 中写块(存储块)命令的快捷键是(　　)。
　　A. BLOCK(B)　　　　　　　　　B. INSERT(I)
　　C. WBLOCK(WB)　　　　　　　D. Ctrl + W

(3) 下列哪个命令可以创建图块,且只能在当前图形文件中调用,而不能在其他图形中调用?(　　)
　　A. MBLOCK(MB)　　　　　　　B. EXPLODE(E)
　　C. WBLOCK(W)　　　　　　　　D. BLOCK(B)

(4) 下列哪个指令用于定义块的属性?(　　)
　　A. MTEXT(T)　　　　　　　　　B. ATTDEF(ATT)
　　C. DTEXT(DT)　　　　　　　　D. MBLOCK(MB)

(5) 在定义块属性时,要使属性为定值,可选择(　　)模式。
　　A. 不可见　　　B. 固定　　　C. 验证　　　D. 预置

(6) 在创建块时由于操作失误创建了一个无用的块,要删除它,应使用哪个命令?(　　)
　　A. PURGE　　　B. ESC　　　C. ERASE　　　D. DELETE

(7) 关于块定义,下列说法错误的是(　　)。
　　A. 当更改块定义的源文件时,包含此块的图形的块定义不会自动更新
　　B. 通过设计中心,可以决定是否更新当前图形中的块定义
　　C. 块定义的源文件可以是符号库图形文件中的嵌套块
　　D. 块定义的源文件可以是图形文件

(8) 以下关于内部块(BLOCK)、外部块(WBLOCK)和图形文件的说法,正确的是(　　)。
　　A. 用 BLOCK 命令定义的块可以插入任何图形文件中
　　B. 用 WBLOCK 命令定义的块才可以插入任何图形文件中
　　C. 用 BLOCK 命令定义块,再用 WBLOCK 把该块以图形文件的形式保存在电脑盘上,此块才能使用
　　D. 任何一个图形文件都可以作为块插入另一图中

(9) 块参照中的哪一个命令与 ARRAY 命令类似,且用该命令创建的图形无法使用 EX-PLODE 进行分解?(　　)
　　A. MINSERT　　　　　　　　　B. WBLOCK
　　C. INSERT　　　　　　　　　　D. BLOCK

(10) 在 AutoCAD 中,以下哪项不是动态块必须具备的?(　　)
　　A. 几何图形　　B. 参数　　C. 属性　　D. 动作

2. 多项选择题

(1) 在 AutoCAD 中,使用块的优点包括(　　)。
　　A. 建立图形库　　　　　　　　　B. 方便修改
　　C. 节约存储空间　　　　　　　　D. 节约绘图时间

(2) 以下关于块的属性定义,说法正确的是(　　)。
　　A. 块必须定义属性　　　　　　　B. 一个块中最多只能定义一个属性
　　C. 一个块中可以定义多个属性　　D. 多个块可以共用一个属性

(3) 以下关于块的使用和编辑的说法,正确的是(　　)。
　　A. 用插入命令把块图形文件插入图形中之后,如果把块文件删除,图中所插入的块
　　　图形将会被删除
　　B. 修改块定义后,可以使当前图形中插入的该块自动进行修改
　　C. 对于包含属性的块,用户可以单独修改属性的值
　　D. 对于包含属性的块,用户可以修改字高、颜色等属性

(4) 编辑块属性的途径有(　　)。
　　A. 双击包含属性的块进行属性编辑
　　B. 应用块属性管理器编辑属性
　　C. 选择包含属性的块,单击右键编辑属性
　　D. 通过输入命令 DDEDIT 编辑属性

(5) 以下关于插入外部块与外部参照的说法,正确的是(　　)。
　　A. 外部参照是把已有的其他图形文件链接到当前图形中,只记录参照图形位置等
　　　链接信息,并不插入该参照图形的图形数据
　　B. 插入外部块是将块的图形数据全部插入当前图形中
　　C. 插入的外部块可以进行裁剪,而外部参照附着后呈淡色显示,因此不能进行裁剪
　　D. 附着的外部参照或者插入的外部块均可以进行裁剪

四、课外拓展

绘制图 7.8 所示六边形,将光栅图像附着后进行裁剪。

图 7.8　光栅图像

第 8 章　图纸布局与打印

一、实验目的

1. 了解模型空间与布局空间；
2. 掌握布局的创建、视口比例的设置方法；
3. 掌握注释性文字样式与标注样式的设置方法，能分别在模型空间和布局空间标注文字和尺寸；
4. 能正确选择打印机、打印纸及打印样式表，设置正确的打印比例，并分别在模型空间和布局空间打印图纸。

二、实验内容

1. 在模型空间中，分别按 1∶10 和 1∶20 绘制图 8.1 所示图形，并合理布置在 A3 图纸内，输出 PDF。

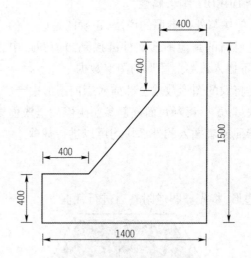

图 8.1　模型空间不同比例打印图纸

提示：尺寸标注应标注实际尺寸，与绘图比例无关。

2. 绘制图 8.2 所示土石坝断面设计图。

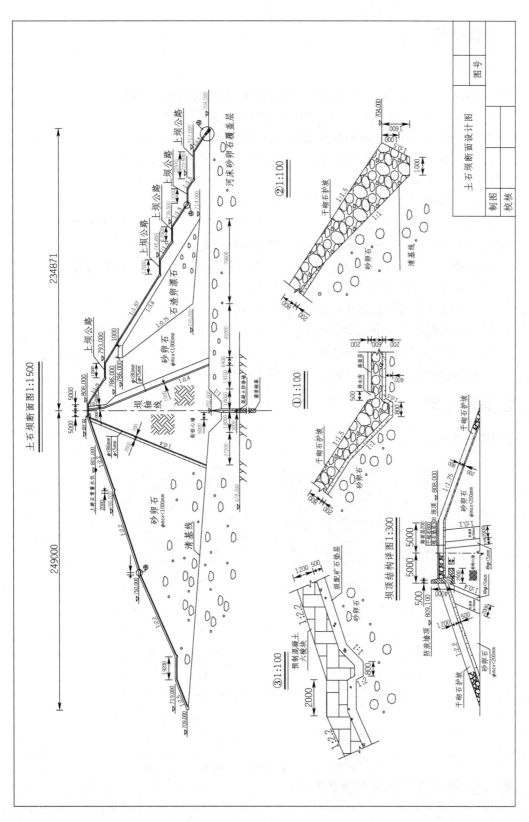

图 8.2 土石坝断面设计图

三、知识测验

单项选择题

(1)在 AutoCAD 中绘图工程图纸时,若局部放大图的比例为 2∶1,则(　　)。

　　A. 应在新建标注样式时将调整/全局比例因子设置为 0.5

　　B. 应在新建标注样式时将换算单位/换算单位倍数设置为 0.5

　　C. 应在新建标注样式时将主单位/测量单位比例因子设置为 0.5

　　D. 以上均无法实现

(2)CAD 图纸打印时的"打印范围"不包括(　　)。

　　A. 窗口　　　　　B. 显示　　　　　C. 范围　　　　　D. 图形界限

(3)在 AutoCAD 中,以下哪个设备不属于图形输出设备?(　　)

　　A. 键盘　　　　　B. 绘图仪　　　　C. 打印机　　　　D. 扫描仪

(4)关于模型空间和布局的设置,说法正确的是(　　)。

　　A. 一个文件中可以有多个模型空间多个布局

　　B. 一个布局可以多个模型空间

　　C. 一个模型空间可以多个布局

　　D. 必须设置为一个模型空间,一个布局

四、课外拓展

绘制图 8.3 所示图形,并输出 PDF。

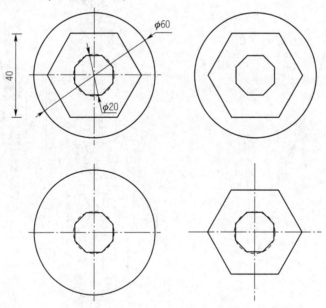

图 8.3　布局空间多视口打印图纸

提示:利用图层管理器,在布局空间打印。

第2篇

专业绘图

第 9 章　水利专业绘图

一、实验目的

1. 创建图层,并合理使用图层;
2. 使用 AutoCAD 绘图、编辑功能,以及图块、图案填充等功能,正确绘制水闸、渡槽、水库大坝等水利工程图;
3. 设置标注样式,对水利工程图进行正确标注、注释;
4. 设置表格样式,利用表格的插入、编辑功能完成工程图中的相关表格;
5. 设置文字样式,使用文字的注写和编辑功能完成图形的文字说明。

二、实验内容

1. 按比例要求将进水口结构图(图 9.1)绘制在 A3 幅面内。
2. 按比例要求将水闸设计图(图 9.2)绘制在 A3 幅面内。
3. 按比例要求将闸室结构图(图 9.3)绘制在 A3 幅面内。
4. 按比例要求将渡槽设计图(图 9.4)绘制在 A3 幅面内。
5. 按比例要求将水库设计图(图 9.5、图 9.6)绘制在 A3 幅面内。

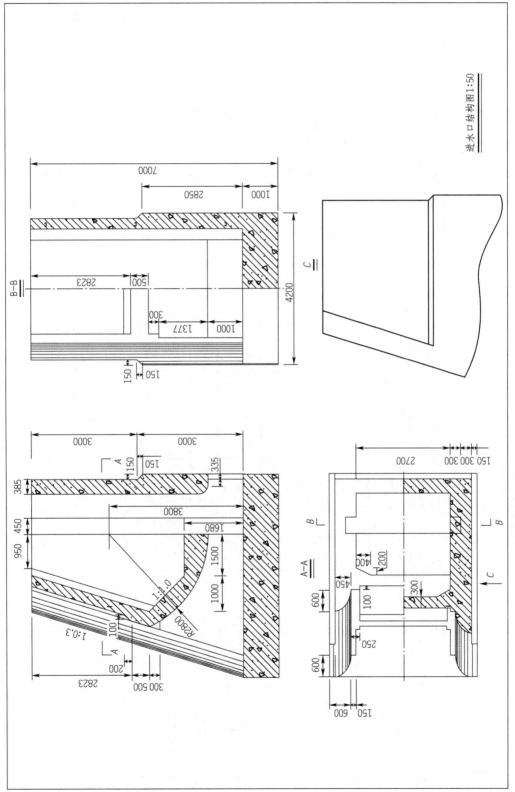

图 9.1 进水口结构图

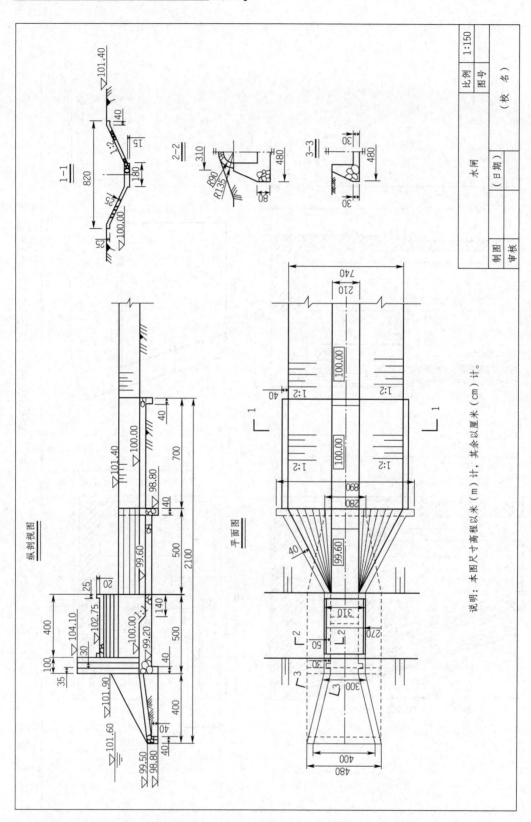

图 9.2 水闸设计图

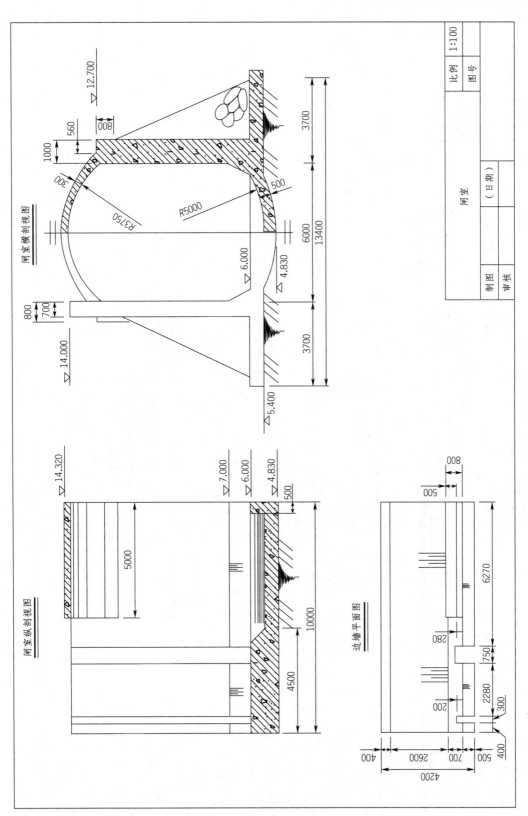

图 9.3 闸室设计图

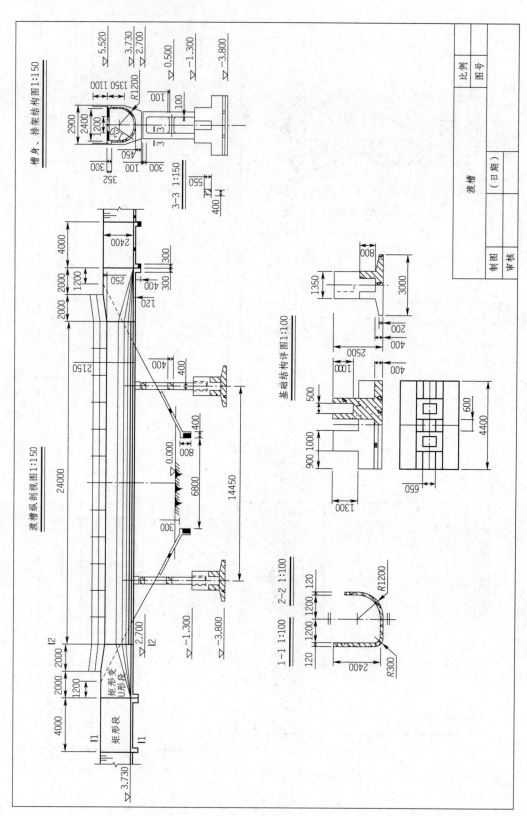

图 9.4 渡槽设计图

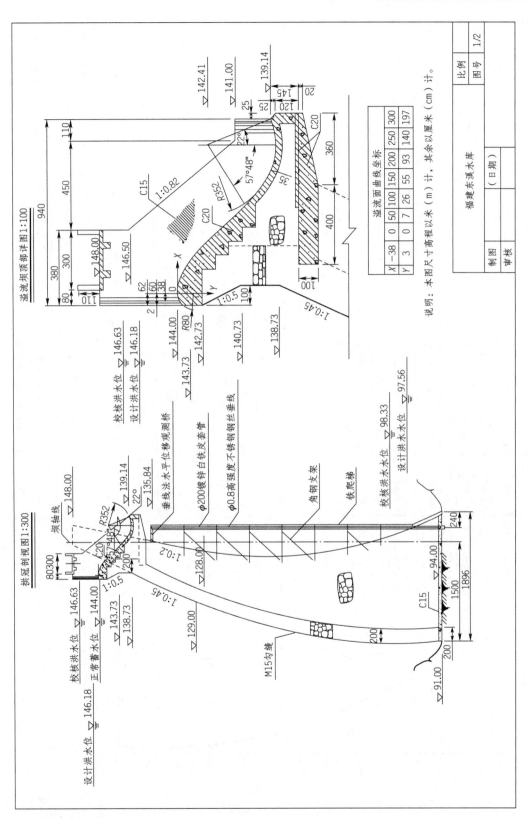

图 9.5 福建东溪水库设计图(一)

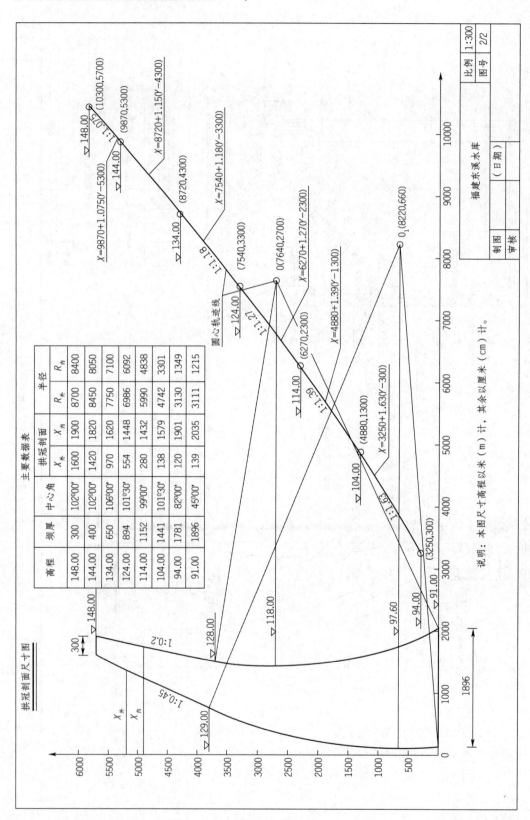

图9.6 福建东溪水库设计图(二)

第 10 章 土木专业绘图

一、实验目的

1. 创建图层,并合理使用图层;
2. 使用 AutoCAD 绘图、编辑功能,以及图块、图案填充等功能,正确绘制道路、隧道、桥梁等土木工程图;
3. 设置标注样式,对水利工程图进行正确标注、注释;
4. 设置表格样式,利用表格的插入、编辑功能完成工程图中的相关表格;
5. 设置文字样式,使用文字的注写和编辑功能完成图形的文字说明。

二、实验内容

1. 按比例要求将道路标准断面图(图 10.1)绘制在 A3 幅面内。
2. 按比例要求将路面结构图(图 10.2)绘制在 A3 幅面内。
3. 按比例要求将隧道设计图(图 10.3~图 10.5)绘制在 A3 幅面内。
4. 按比例要求将桥梁设计图(图 10.6~图 10.8)绘制在 A3 幅面内。

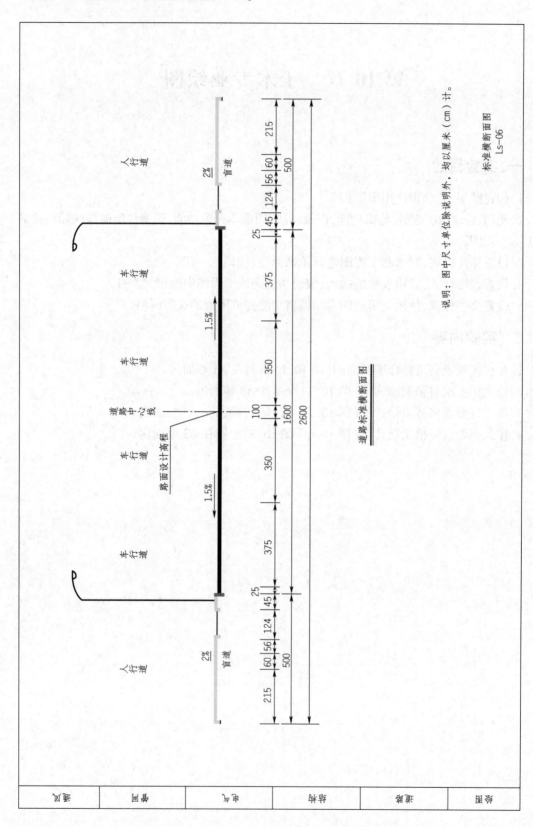

图10.1 道路标准横断面图

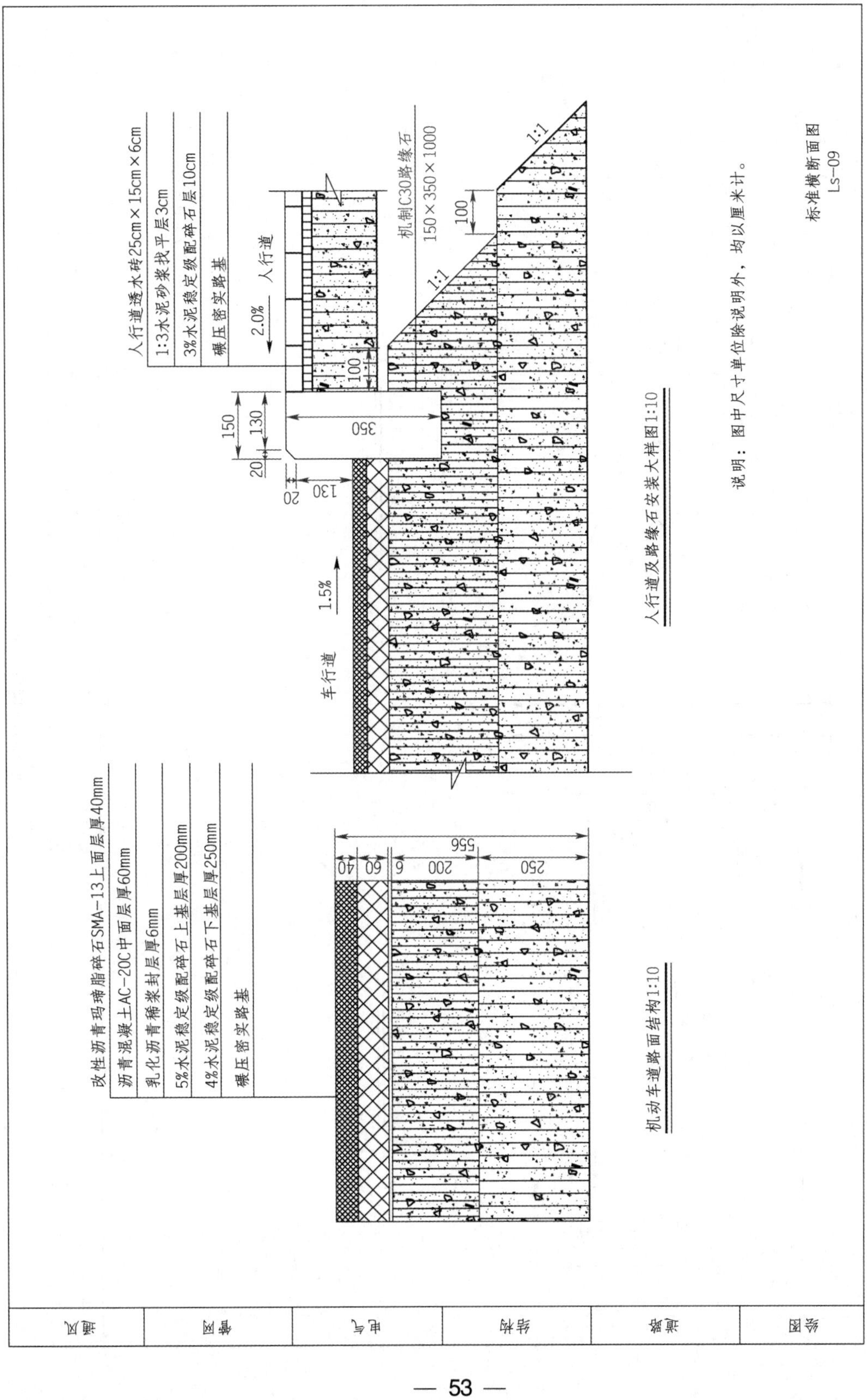

人行道及路缘石安装大样图 1:10

- 人行道透水砖 25cm×15cm×6cm
- 1:3水泥砂浆找平层 3cm
- 3%水泥稳定级配碎石层 10cm
- 碾压密实路基
- 机制C30路缘石 150×350×1000

机动车道路面结构 1:10

- 改性沥青玛蹄脂碎石SMA-13上面层厚40mm
- 沥青混凝土AC-20C中面层厚60mm
- 乳化沥青稀浆封层厚6mm
- 5%水泥稳定级配碎石上基层厚200mm
- 4%水泥稳定级配碎石下基层厚250mm
- 碾压密实路基

说明：图中尺寸单位除说明外，均以厘米计。

标准横断面图　LS-09

图 10.2　道路路面设计图

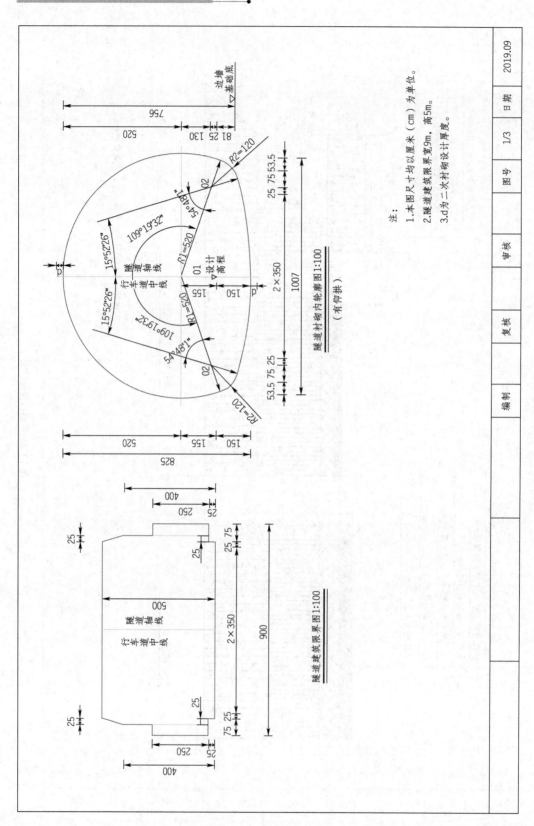

图 10.3 隧道设计图（一）

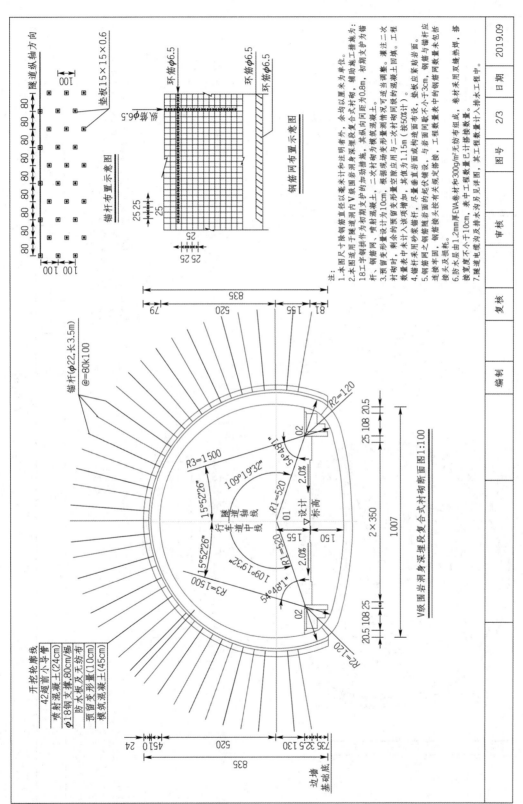

图 10.4 隧道设计图（二）

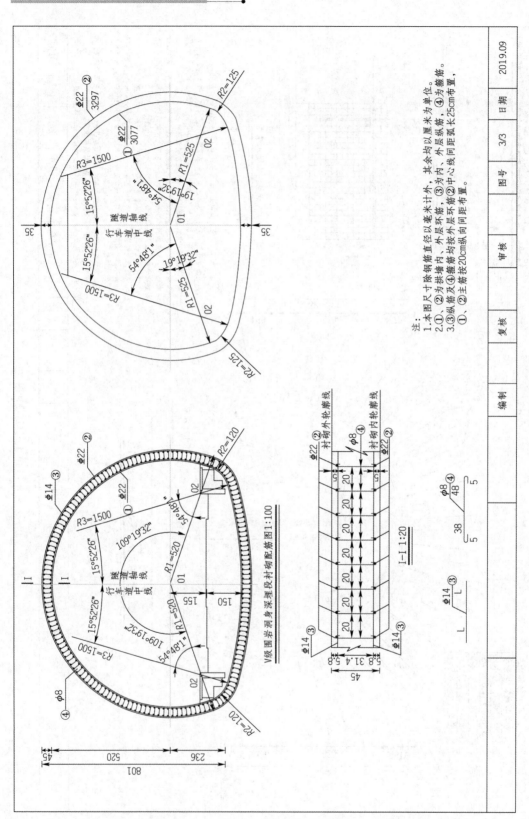

图 10.5 隧道设计图(三)

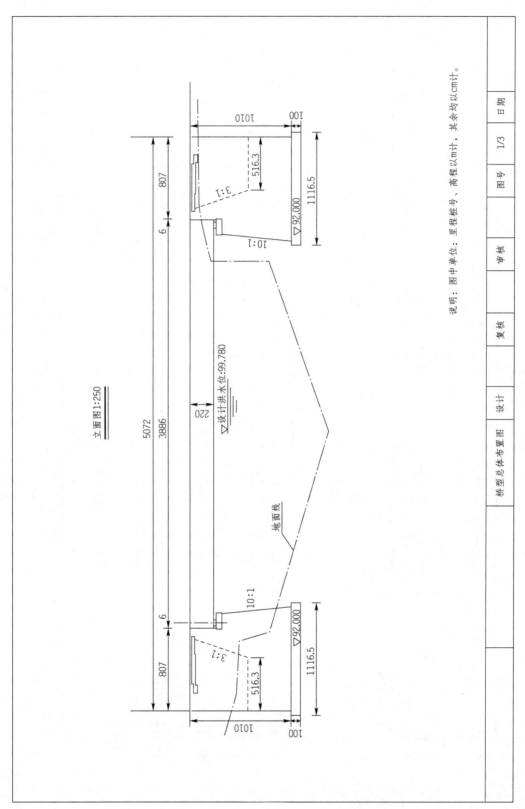

图 10.6 桥型总体布置图

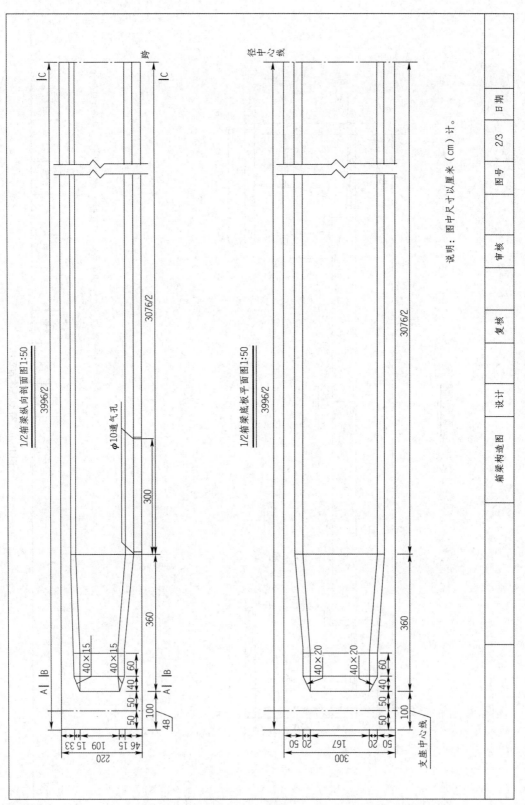

图 10.7 箱梁构造图（一）

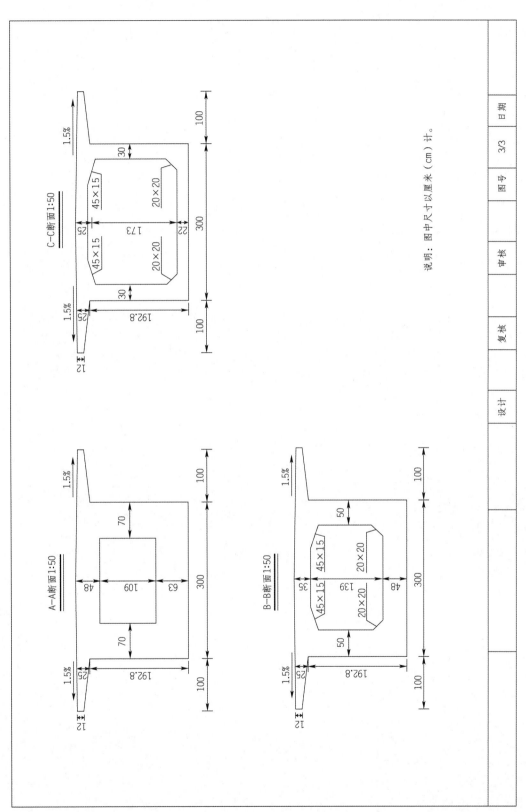

图 10.8 箱梁构造图(二)

第3篇

三维建模

第 11 章　三维曲面、网格模型

一、实验目的

1. 了解曲面的建模方法；
2. 了解网格的建模方法；
3. 了解 NURBS 曲面的创建及编辑方法；
4. 了解网格的编辑方法。

二、实验内容

1. 绘制图 11.1 所示曲面，尺寸、形状自定。

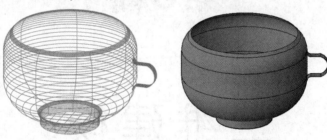

图 11.1　茶杯造型图

2. 绘制图 11.2 所示曲面，尺寸、形状自定。

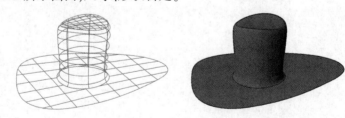

图 11.2　帽子造型图

3. 用网格创建图 11.3 所示碗造型，尺寸、形状自定。

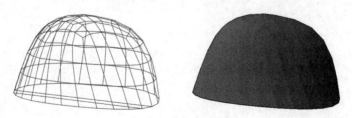

图 11.3　碗造型

4. 用网格创建图 11.4 所示溢流坝造型,尺寸、形状自定。

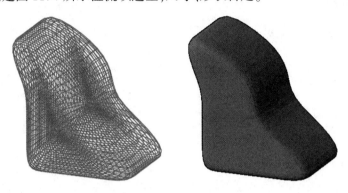

图 11.4 溢流坝造型

三、知识测验

单项选择题

(1)以下哪种情况可以完成曲面修补的操作?(　　　)
　　A. 任意封闭的曲线　　　　　　　　B. 任意相交的两条曲线
　　C. 圆和矩形　　　　　　　　　　　D. 封闭曲面的边

(2)以下说法正确的是(　　　)。
　　A. 曲面过渡和曲面圆角的效果是完全一样的
　　B. 曲面过渡和曲面圆角均设置半径值
　　C. 曲面过渡是选择曲面的边
　　D. 曲面圆角是选择曲面的边

(3)关于 NURBS 曲面,以下说法正确的是(　　　)。
　　A. 任意 NURBS 曲面均可拖动控制点编辑
　　B. 任意一种曲面均可转化为 NURBS 曲面
　　C. NURBS 曲面为曲面塑造提供了方便快捷的编辑方法
　　D. 当设置了曲面建模模式为 NURBS 创建后,用平面方式可直接创建 NURBS 曲面

(4)以下哪个命令可产生旋转网格?(　　　)
　　A. ROTATE　　　　B. REVSURF　　　　C. REVOLVE　　　　D. ROTATE3D

(5)以下哪种操作可用 EDGESURF 构造网格?(　　　)
　　A. 用 REC 绘制的矩形　　　　　　　B. 任意相交两条边
　　C. 任意相交的三条边　　　　　　　D. 任意相交的四条边

(6)关于 RULESURF,以下说法正确的是(　　　)。
　　A. 只有直线和圆(或圆弧)可以定义网格边
　　B. 只有同一平面上的两条线才可以定义网格边
　　C. 在两条定义边之间构造网格,定义的网格与拾取边的位置有关
　　D. 用于定义网格的两条边,可以一条封闭,一条不封闭

四、课外拓展

任意构造一个曲面或网格。

第12章　三维实体模型

一、实验目的

1. 了解拉伸、旋转、扫掠、放样在三维建模中的使用；
2. 了解在建模中如何使用布尔运算；
3. 了解建立三维实体模型的方法和思路；
4. 了解三维的编辑功能。

二、实验内容

1. 建立图 12.1～图 12.3 所示的三维实体模型。

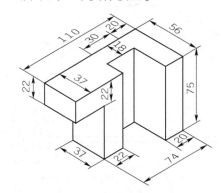

图 12.1　三维实体模型(一)

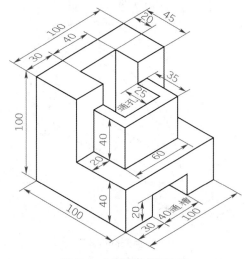

图 12.2　三维实体模型(二)

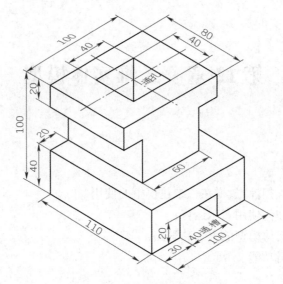

图12.3 三维实体模型(三)

2.根据图12.4所示平面图及模型建立三维实体模型。

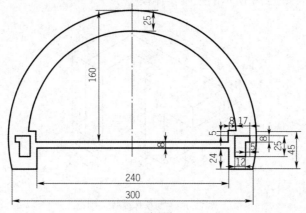

a)平面图

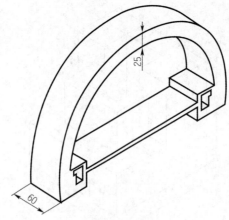

b)三维实体模型图

图12.4 三维实体模型(四)

3. 根据图12.5所示平面图及模型建立三维实体模型。

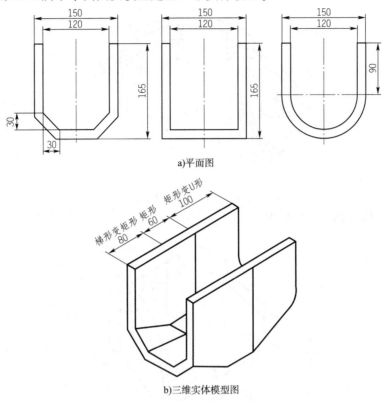

a) 平面图

b) 三维实体模型图

图12.5 三维实体模型(五)

4. 建立图12.6所示实体模型。须注意后面孔与前面U形圆孔圆心高度相同,半径与U形孔半径相同。

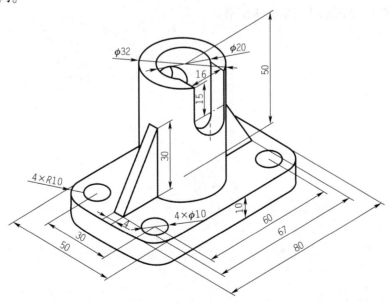

图12.6 三维实体模型(六)

5. 建立图 12.7 所示的三维实体模型。

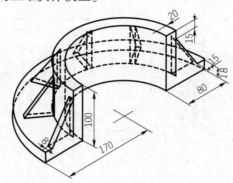

图 12.7　三维实体模型(七)

6. 建立图 12.8 所示实体模型。

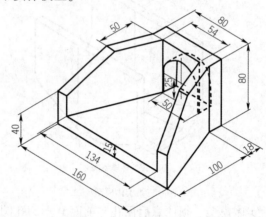

图 12.8　三维实体模型(八)

7. 建立图 12.9 所示的三维实体模型。

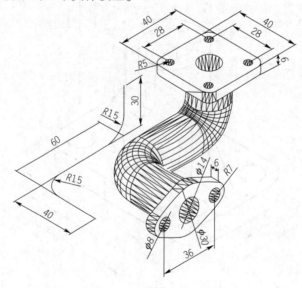

图 12.9　三维实体模型(九)

8. 建立图 12.10 所示的三维实体模型。

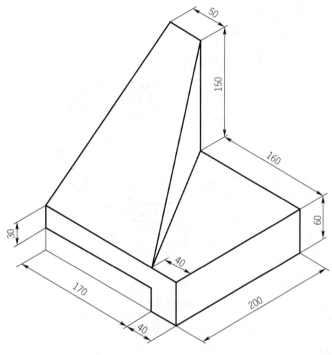

图 12.10　三维实体模型(十)

9. 建立图 12.11 所示的整体模型及剖切模型,并将剖切面着色(颜色自定)。

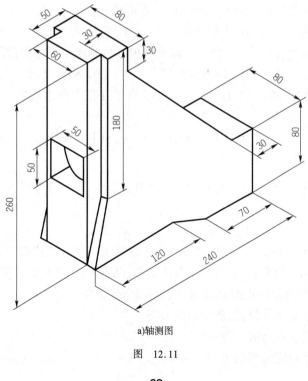

a)轴测图

图　12.11

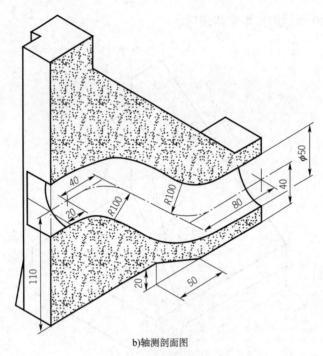

b)轴测剖面图

图12.11 三维实体模型(十一)

三、知识测验

1. 单项选择题

(1) 在 AutoCAD 中,可以进行三维设计,但不能进行(　　　)。

　　A. 表面建模　　　　B. 线框建模　　　　C. 实体建模　　　　D. 参数化建模

(2) 在 AutoCAD 中,(　　　)命令可以通过鼠标控制整个三维图形的任意视图。

　　A. UCS　　　　　　B. 3DORBIT　　　　C. VPOINT　　　　D. ROTATE3D

(3) 在 AutoCAD 中,可以通过(　　　)命令将相互独立但重叠在一起的三维对象合并为一体。

　　A. UNION　　　　　B. INTERSECT　　　C. SUBTRACT　　　D. EXPLODE

2. 多项选择题

(1) 在 AutoCAD 中,布尔运算可以对三维实体进行(　　　)方式的运算,从而创建复杂实体。

　　A. 交集　　　　　　B. 并集　　　　　　C. 差集　　　　　　D. 以上都不可以

(2) 在 AutoCAD 中 UCS 为用户坐标系,在三维环境中创建或修改对象时,可以在三维空间中的任何位置移动或重新定义 UCS 以简化工作,确定新的 UCS 的方法有(　　　)。

　　A. 将 UCS 与指定的正向 Z 轴对齐,确定新的 UCS

　　B. 改变坐标原点的位置,确定新的 UCS

　　C. 绕指定轴旋转当前 UCS

　　D. 使用三个点定义新的 UCS

（3）在AutoCAD中，执行（　　）命令可以使三维图形恢复平面显示。
　　A. VPOINT　　　　　　　　　　B. DDVPOINT
　　C. UCSPOINT　　　　　　　　　D. PLAN
（4）在AutoCAD中，通过二维图形创建三维实体的操作包括（　　）。
　　A. 拉伸二维对象创建三维实体　　B. 绕轴旋转二维对象创建三维实体
　　C. 扫掠二维对象创建三维实体　　D. 放样二维对象创建三维实体

四、课外拓展

1. 根据图示进行三维创意构型。

（1）根据组合体的两个视图（图12.12、图12.13），构思三维模型（模型不唯一）。

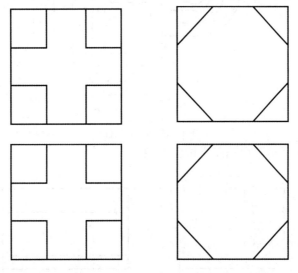

图12.12　三维构思模型（一）　　图12.13　三维构思模型（二）

（2）根据组合体的三个视图（图12.14），构思三维模型（模型不唯一）。

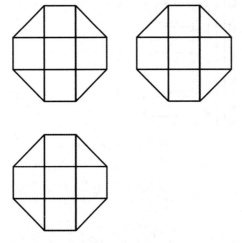

图12.14　三维构思模型（三）

2. 根据图 12.15 所示正视图和俯视图,构建三维模型。

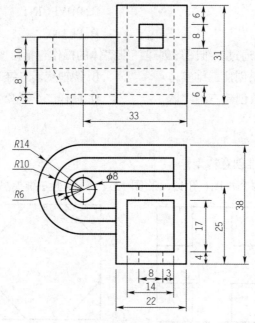

图 12.15 沉沙井视图

3. 根据图 12.16 所示三视图建立桥台模型。

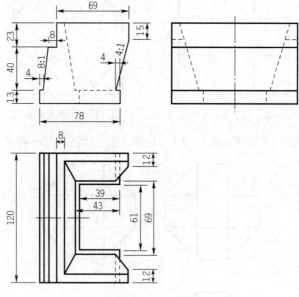

图 12.16 桥台三视图

附 录

附录 A 参考答案

第 1 章 AutoCAD 2020 基础

三、知识测验

1. 单项选择题

(1) B (2) D (3) A (4) C (5) C (6) B (7) D (8) C

2. 多项选择题

(1) BCD (2) ABD (3) ABC (4) AB (5) ABC (6) BD (7) ABCD (8) ABC

第 2 章 简单平面图形的绘制

三、知识测验

1. 单项选择题

(1) B (2) A (3) C (4) B (5) B (6) A (7) D (8) C (9) C (10) B

2. 多项选择题

(1) ABC (2) ABC (3) AB

第 3 章 绘图辅助工具

三、知识测验

1. 单项选择题

(1) A (2) C (3) D (4) A (5) A (6) D (7) A

2. 多项选择题

(1) CD (2) ABCD (3) BD (4) ACD (5) AD

第4章 平面图形的编辑

三、知识测验

1. 单项选择题

(1)B (2)C (3)B (4)D (5)C (6)B (7)C (8)C (9)B (10)C

2. 多项选择题

(1)BD (2)ABCD (3)AD (4)BCD (5)AB

3. 判断题

(1)错。

解释:平行线间倒圆角,其直径等于两平行线之间的距离。

(2)错。

(3)错。

解释:MIRRTEXT 的参数值为 0 时,不变;参数值为 1 时,文字将发生镜像。

(4)错。

解释:将关联(AS)设为 N,将不再是块。

(5)错。

解释:当偏移距离等于或大于圆半径时,不能操作,当偏移距离等于或大于矩形最小边长时,不能操作。

第5章 文字、尺寸标注与表格

三、知识测验

1. 单项选择题

(1)B (2)A (3)B (4)D (5)C (6)B (7)D (8)D (9)B (10)C

2. 多项选择题

(1)ABD (2)ABCD (3)AD (4)BCD (5)ACD (6)ABCD (7)ABC (8)ABD

第6章 图案填充与面域

三、知识测验

单项选择题

(1)B (2)D (3)C (4)A (5)B (6)D (7)C (8)B (9)D (10)B

第7章 图块、外部参照与光栅图像

三、知识测验

1. 单项选择题

(1) A (2) C (3) D (4) B (5) B (6) A (7) A (8) B (9) A (10) C

2. 多项选择题

(1) ABCD (2) CD (3) BCD (4) ABCD (5) ABD

第8章 图纸布局与打印

三、知识测验

单项选择题

(1) C (2) C (3) A (4) C

第11章 三维曲面、网格模型

三、知识测验

单项选择题

(1) D (2) C (3) C (4) B (5) D (6) C

第12章 三维实体模型

三、知识测验

1. 单项选择题

(1) D (2) B (3) A

2. 多项选择题

(1) ABC (2) ABCD (3) ABD (4) ABCD

四、课外拓展

1. 三维创意构型。

(1) 根据组合体的两个视图,构思三维模型(模型不唯一)。

提示:用微信、QQ 等社交软件的扫一扫功能即可。

三维构思模型(一)参考模型

三维构思模型(二)参考模型

(2)根据组合体的三个视图,构思三维模型(模型不唯一)。

3. 桥台参考模型如下。

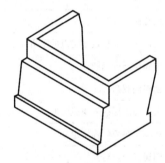 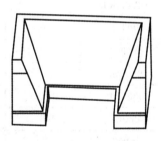

附录 B 常用工具按钮和命令

常用工具按钮和命令　　　　　　　　　　　　　　　　　　　　　附表 B.1

命令	按钮	命 令	快捷命令	用　　途
绘图工具按钮和命令		LINE	L	创建直线段
		XLINE	XL	创建无限长的线
		PLINE	PL	创建二维多段线
		POLYGON	POL	创建等边闭合多段线
		RECTANG	REC	创建矩形多段线
		ARC	ARC	创建圆弧
		CIRCLE	C	创建圆
		REVCLOUD		创建修订云线
		SPLINE	SPL	创建通过或接近指定点的平滑曲线
		ELLIPSE	EL	创建椭圆或椭圆弧
		ELLIPSE		创建椭圆弧
		INSERT	I	向当前图形插入块或图形
		BLOCK	B	从选定对象创建块定义
		POINT	PO	创建多个点对象
		HATCH	H	使用填充图案或填充对封闭区域或选定对象进行填充
		GRADIENT	GD	使用渐变填充对封闭区域或选定对象进行填充
		REGION	REG	将包含封闭区域的对象转换为面域对象
		TABLE		创建空的表格对象
		MTEXT	T	创建多行文字对象
		ADDSELECTED		根据选定对象的对象类型启动绘制命令
修改工具按钮和命令		ERASE	E	从图形删除对象
		COPY	CO	将对象复制到指定方向上的指定距离处
		MIRROR	MI	创建选定对象的镜像副本
		OFFSET	O	创建同心圆、平行线和等距曲线
		ARRAY	AR	创建按指定方式排列的多个对象副本
		MOVE	M	将对象在指定方向上移动指定距离
		ROTATE	RO	绕基点旋转对象

续上表

命令	按钮	命　令	快捷命令	用　　途
修改工具按钮和命令		SCALE	SC	放大或缩小选定对象,缩放后保持对象的比例不变
		STRETCH	S	通过窗选或多边形框选的方式拉伸对象
		TRIM	TR	修剪对象以适合其他对象的边
		EXTEND	EX	延伸对象以适合其他对象的边
		BREAK		在一点打断选定的对象
		BREAK	BR	在两点之间打断选定的对象
		JOIN	J	合并相似对象以形成一个完整的对象
		CHAMFER	CHA	给对象加倒角
		FILLET	F	给对象加圆角
		BLEND		在两条开放曲线的端点之间创建相切或平滑的样条曲线
		EXPLODE	X	将复合对象分解为其部件对象
标准工具按钮和命令		QNEW	CTRL + N	创建空白的图形文件
		OPEN	CTRL + O	打开现有的图形文件
		QSAVE	CTRL + S	保存当前图形
		PLOT	CTRL + P	将图形打印到绘图仪、打印机或文件
		PREVIEW	PRE	显示图形在打印时的外观
		PUBLISH		将图形发布为电子图纸集(DWF、DWFx 或 PDF 文件),或者将图形发布到绘图仪
		3DDWF		启动三维 DWF 发布界面
		CUTCLIP	CTRL + X	将选定对象复制到剪贴板并将其从图形中删除
		COPYCLIP	CTRL + C	将选定对象复制到剪贴板
		PASTECLIP	CTRL + V	将剪贴板中的对象粘贴到当前图形中
		MATCHPROP	MA	将选定对象的特性应用到其他对象
		BEDIT	BE	在块编辑器中打开块定义
		UNDO	CTRL + Z	撤销上一个动作
		REDO	CTRL + Y	恢复上一个用 UNDO 或 U 命令放弃的效果
		PAN	P	沿屏幕方向平移视图
		ZOOM	Z	放大或缩小显示当前视口中对象的外观尺寸
		ZOOM		缩放上一个
		PROPERTIES	CTRL + 1	控制现有对象的特性
		ADCENTER	ADC	管理和插入块、外部参照和填充图案等内容
		TOOLPALETTES	CTRL + 3	打开和关闭"工具选项板"窗口
		SHEETSET		打开"图纸集管理器"

续上表

命令	按钮	命　令	快捷命令	用　途
标准工具按钮和命令		MARKUP		显示已加载标记集的相关信息及其状态
		QUICKCALC	QC	显示或隐藏快速计算器
		HELP		打开"帮助"窗口
标注工具按钮和命令		DIMLINEAR	DLI	创建线性标注
		DIMALIGNED	DAL	创建对齐线性标注
		DIMARC	DAR	创建弧长标注
		DIMORDINATE	DOR	创建坐标标注
		DIMRADIUS	DRA	创建圆或圆弧的半径标注
		DIMJOGGED	DJO	创建圆和圆弧的折弯标注
		DIMDIAMETER	DDI	创建圆或圆弧的直径标注
		DIMANGULAR	DAN	创建角度标注
		QDIM		从选定对象中快速创建一组标注
		DIMBASELINE	DBA	从上一个或选定标注的基线作连续的线性、角度或坐标标注
		DIMCONTINUE	DCO	创建从上一次所创建标注的延伸线处开始的标注
		DIMSPACE		调整线性标注或角度标注之间的间距
		DIMBREAK		在标注或延伸线与其他对象交叉处折断或恢复标注和延伸线
		TOLERANCE	TOL	创建包含在特征控制框中的形位公差
		DIMCENTER	DCE	创建圆和圆弧的圆心标记或中心线
		DIMINSPECT		添加或删除与选定标注关联的检验信息
		DIMJOGLINE	DJO	在线性或对齐标注上添加或删除折弯线
		DIMEDIT		编辑标注文字和延伸线
		DIMTEDIT	DED	移动和旋转标注文字，重新定位尺寸线
		-DIMSTYLE		用当前标注样式更新标注对象
		DIMSTYLE	D	创建和修改标注样式

注：本表适用于 AutoCAD 2020 版，对于 AutoCAD 2020 以前的版本，有些命令或快捷命令可能无法应用。

参 考 文 献

[1] 王亮申,戚宁.计算机绘图 AutoCAD 2018[M].北京:机械工业出版社,2018.
[2] CAD/CAM/CAE 技术联盟.AutoCAD 2018 中文版从入门到精通:标准版[M].北京:清华大学出版社,2018.
[3] 姚俊红,李彩霞.AutoCAD 2014 综合教程[M].西安:西北工业大学出版社,2017.
[4] 晏孝才,黄宏亮.水利工程 CAD[M].武汉:华中科技大学出版社,2013.
[5] 韩敏琦,杨林林.水利工程识图与 CAD[M].北京:中国水利水电出版社,2015.
[6] 沈刚,毕守一.水利工程识图实训[M].北京:中国水利水电出版社,2010.
[7] 王彦惠.计算机辅助设计上机实验指导[M].郑州:黄河水利出版社,2009.
[8] 蒲小琼,陈玲,尹湘云.画法几何及水利土建制图[M].武汉:武汉大学出版社,2015.
[9] 殷佩生,吕秋灵.画法几何及水利工程制图[M].北京:高等教育出版社,2015.
[10] 丁建梅,昂雪野.土木工程制图[M].北京:人民交通出版社,2013.
[11] 牛立军,黄俊超.BIM 技术在水利工程设计中的应用[M].北京:中国水利水电出版社,2019.
[12] 邵立康,陶冶,樊宁,等.全国大学生先进成图技术与产品信息建模创新大赛命题解答汇编(1-11 届)机械类、水利类与道桥类[M].北京:中国农业大学出版社,2019.
[13] 长江勘测规划设计研究有限责任公司.水利水电工程制图标准 基础制图:SL73.1—2013[S].北京:中国水利水电出版社,2013.
[14] 浙江省水利水电科学研究所.小型水利水电工程设计图集渡槽分册[M].北京:中国水利水电出版社,1983.
[15] 湖南水利水电勘测设计院.小型水利水电工程设计图集砌石坝分册[M].北京:中国水利水电出版社,1986.